傅里叶级数的历史

贾随军　薛有才　著

科学出版社
北京

内 容 简 介

傅里叶级数理论的产生是数学发展史上的重大事件。它的产生彻底平息了关于弦振动问题的争论，同时引领数学分析走向严格化。傅里叶级数理论经历近两百年的发展，已经成为现代数学的核心研究领域之一。本书主要运用历史研究法、比较法、文献法等方法对傅里叶级数理论的起源进行了考察，从音乐、物理学、数学以及科学发展的趋势等众多层面探讨了傅里叶级数理论的起源，探讨了傅里叶能够成功建立其级数理论的原因，从理论物理(包括应用数学)及纯粹数学两个方面考察了傅里叶级数理论产生的影响。

本书适合高等院校数学教育研究与实践者、数学史研究者与爱好者等参考，也适合中小学数学教师等阅读。

图书在版编目（CIP）数据

傅里叶级数的历史／贾随军，薛有才著. —北京：科学出版社，2024.11

ISBN 978-7-03-078344-8

Ⅰ. ①傅…　Ⅱ. ①贾…②薛…　Ⅲ. ①傅里叶分析　Ⅳ. O174.2

中国国家版本馆 CIP 数据核字（2024）第 068931 号

责任编辑：胡海霞 / 责任校对：彭珍珍

责任印制：赵　博 / 封面设计：无极书装

科学出版社 出版

北京东黄城根北街 16 号

邮政编码：100717

http://www.sciencep.com

三河市骏杰印刷有限公司印刷

科学出版社发行　各地新华书店经销

*

2024 年 11 月第　一　版　开本：720 × 1000　1/16

2025 年　4 月第三次印刷　印张：9 1/2

字数：191 000

定价：59.00 元

（如有印装质量问题，我社负责调换）

序

说傅里叶级数的理论是 19 世纪最重要的数学成果之一绝不过分。傅里叶级数刺激了对函数、收敛、积分等一系列分析基本概念的深入探究，对 19 世纪分析严格化有重要的引导作用，最终促进了集合论的诞生；傅里叶级数在 19 世纪偏微分方程的研究中扮演了重要角色，对 19 世纪整个数学物理领域的形成与发展也有着不容小觑的作用。对傅里叶级数和傅里叶积分本身的研究已形成严整的纯数学分支，不仅为数学其他领域提供营养，而且在现代科学技术中获得了广泛的应用，傅里叶级数、傅里叶变换已成为量子力学、神经科学、信息技术等众多领域不可或缺的数学工具。

傅里叶级数理论提出与发展的曲折过程，也是生动的和富有教益的科学创新故事。因此，厘清并合理重现傅里叶级数起源与发展的历史，是十分有意义的科学史课题。这方面已有不少研究，但仍有一些重要的问题需要探讨。

贾随军等的著作《傅里叶级数的历史》，依据对有关原始文献的阅读分析，同时通过大量研究文献的调研，对傅里叶级数理论的起源与发展进行了深入的考察。该书在系统论述傅里叶级数历史的过程中，强调了简单模式叠加观念在傅里叶级数理论起源过程中的激励作用和地位；对泰勒和约翰·伯努利没有发现弦振动运动方程以及较高振动模式解的原因给出了不同以往见解的中肯分析；关于傅里叶级数理论对剑桥数学物理学派的影响的论述是深刻的；对傅里叶级数分析历史上某些传统观点（如毕奥 1804 年的论文对傅里叶热传导研究的影响方面）的质疑也值得赞许。另外，书中还辟有专门章节介绍傅里叶级数理论在中国的传播。

总之，该书不仅勾勒了傅里叶级数理论起源与发展的清晰脉络，也为正确理解傅里叶级数理论的历史提供了新的视角，是具有史学价值和现实意义的数学史专题研究成果，我欣赏这样的专题研究，并为研究成果能够正式出版而感到高兴。

李文林

2023 年 5 月于北京中关村

前　言

与傅里叶[①]级数结缘于2006年攻读博士学位期间。在近现代数学史的讨论班上，我主讲了18～19世纪偏微分方程的历史，偏微分方程的历史是一个宏大的主题，我根本没有能力掌控，西安市长安区的翠华山脚下、香积寺以及滈河旁浓郁的柳荫里都留下了我忧郁的身影。然而这些主题中的“傅里叶级数”部分激起了我内心的涟漪。这一主题很有趣，有许多宝藏有待挖掘。

傅里叶级数与音乐、天文学、物理学有着天然的联系，当我们一步步抽丝剥茧揭开其神秘面纱的时候，我们不得不惊叹于其丰富的内涵及宽广的应用。

古希腊时期，毕达哥拉斯(Pythagoras，约公元前580—约前500)就已经用数表示音高，音乐从某种意义上成为数学的组成部分。他阐述了天体音乐的观念，在他看来，天体的运行会在天界造成振动，而振动是声音产生的根源，因此，天体的运行会发出和谐美妙的声音，天体的运行也遵循一定的数量关系。

那么天体是如何运行的呢？在柏拉图(Plato，公元前427—前347)的观念中，上帝乃几何学家，天体的运行理应通过几何图形去描述。斗转星移、昼夜交替、四季轮回，天体的运行呈现出周期性，用什么几何图形描述这种周期性呢？在古希腊人的信念中，科学与艺术恰如一枚硬币的两面，它们是一个统一体。简单、和谐及神圣的比例关系是古希腊艺术与科学所共同遵循的基本原则。

古希腊人认为“圆是最完美的图形，所有天体运行的轨道都应当是圆”。他们用圆去描述天体的运动，这既有科学性即周期性方面的考虑，又有艺术层面的斟酌。古希腊人的艺术蕴含了理性的成分，而他们的科学又得到了艺术的滋养。

我们如何去描述圆周上一个质点的运动呢？当然是正弦函数。但古希腊的天文学家很快发现行星的运行轨迹并不是标准的圆，有时会有逆行的现象，同时还有明暗的变化。为了解释逆行与明暗的变化，天文学家托勒密(Claudius Ptolemaeus，约100—约170)用多个圆的叠加来描述天体的运行。因此，天体运行的轨迹就是正弦的组合。尽管托勒密把地球置于宇宙中心，但这种本质上是正弦组合的方式(托勒密并没有提出正弦的组合)在预测天文现象方面却十分有效。

让我们再次回到音乐领域，乐器分为弦乐器、管乐器与打击乐器，弦乐器如钢琴、古琴、吉他、小提琴等的发音来源于弦的振动，管乐器的情况是类似的，

① 为方便阅读，正文及参考文献中均用“傅里叶”，特此声明。

如小号、笛子、萨克斯等其乐音来源于空气柱的振动。在古希腊时期，人们已经发现一根琴弦发出的乐音并不是一个单一的音调，如果仔细辨听，会听到在一个主要的低频音调中隐藏着一系列高频音调。该如何解释这一诡异的现象呢？到底弦是如何振动的？泰勒(Taylor, 1685—1731)虽然是杰出的数学家，但对音乐弦的振动充满了好奇，他建立了弦振动的偏微分方程，方程的求解令他惊讶地发现，弦按正弦的模式进行振动。虽然我们感觉神奇，但这也是预料之中的，我们不是常常用正弦函数来描述简单的振动吗？但我们的问题并没有解决，我们听到的那根弦音有众多的音调，那意味着这根弦是以多个频率来振动的。我们简直无法想象，这根弦在振动时该有多凌乱，如果我们设想这根弦在琴板上跳舞，它跳的一定不是优美的华尔兹，而是如触电般的乱舞。那根弦婀娜多姿的身段在低频舞动，产生了响度最强的那个音即基音，那根弦的手臂、胳膊等部位还在如触电般高频舞动，从而产生了众多很弱的泛音，不管是基音还是泛音，都可以用正弦去表示它们，因此，琴弦发出的声音本质上是基音与泛音的叠加，可以用正弦的组合来描述它。大自然就像舞台上的魔术师，我们看到的、听到的只是假象，而庐山真面目总是隐藏在幕布后或黑箱中。我们总觉得我们看到的是一种颜色的光，但事实上它也是七色光的组合。乐音和光的情况实在是太相似了。

音乐弦的振动与天体的运行具有相同的数学本质。天体的运行就相当于音乐弦的振动，两千多年后的今天，我仍然折服于毕达哥拉斯丰富的想象力及深邃的洞察力。那么我们今天为什么听不到宇宙琴弦发出的美妙乐曲呢？毕达哥拉斯说，“人在出生时是能够听到这种音乐鸣响的，由于它响个不停，没有响与不响的交替，故而人们后来便感觉不到它的存在了。”或许，我们的听觉已被尘世的喧嚣所损害，我们的心灵已被欲望所填满，宇宙琴弦的美妙乐曲已无法触动我们的心灵与听觉神经，然而，感觉不到并不意味着不存在。

傅里叶(Fourier, 1768—1830)在闲暇时间开始了热传导的研究,他首先解决了半无穷矩形薄片的热传导问题，他认为热的传播就像音乐弦的振动一样，就像基音与众多泛音的奏鸣一样，有人这样评价他的热传导研究，“半无穷矩形薄片就是一个虚构的振动弦”。

在热传导问题的解决中，傅里叶的大脑中浮现出了“振动弦”的图景，20 世纪提出的超弦理论为我们勾勒了一幅更为广阔的振动弦的图景。

超弦理论企图回答宇宙的本原问题，整个宇宙由一些诸如电子、中微子、夸克等的基本粒子构成，当然，随着科学的进步、技术的日新月异，可能会有更小的粒子发现。然而，超弦理论认为，宇宙的最小组成单位是振动的弦，振动弦的不同振动方式产生了基本粒子(格林，2000)[13-19]，类似于前面提到的基音与泛音源于不同频率的振动，因此，万物在最微观的层次上是由振动弦的组合构成的。我们知道傅里叶变换能够实现从时域分析向频域分析的转换，能够把振动的波形图转化为频谱图，有了频谱图，我们很容易把握乐声的主要特征，这个频谱图就是魔术师的幕后或黑箱。如果我们能够建立一种“最最广义的傅里叶变换”，就可以把宇宙中所有从小到微观粒子大到星球振动的波形图转换为频谱图，通过这个频谱图，我们了解所有粒子的质量及力荷(如引力等)。果真这样，自然和自然法则真的从幕后走向了前台。

本书旨在梳理傅里叶级数起源与发展的历史脉络，揭示傅里叶级数与音乐、振动理论及热传导之间的关联，分析傅里叶级数创建的关键要素以及傅里叶级数对纯粹数学、理论物理甚至音乐领域产生的影响。由于傅里叶级数理论影响了 19 世纪甚至 20 世纪数学的进程,以致调和分析成为 20 世纪 30 年代数学发展的主流方向，陈建功(1893—1971)关于傅里叶级数的研究成果标志着中国现代数学的兴起。因此，对想了解现代数学的读者来讲，傅里叶级数的历史及在中国的传播也是透视现代数学的一个重要窗口。

本书由九个部分构成：

第一部分(序、前言)，以通俗简洁的语言描述傅里叶级数与音乐、天文学及热传导的关系。

第二部分(第 1 章)，概括介绍傅里叶级数的历史，探讨了傅里叶级数历史的已有研究。

第三部分(第 2 章)，描述基音与泛音的共存现象，探究简单模式叠加观念的起源。

第四部分(第 3 章)，详细考察梅森(Mersenne, 1588—1648)、泰勒、约翰 · 伯努利(Johann Bernoulli, 1667—1748)等人确定基本模式的绝对频率以及形状的过程；分析这些数学家对简单模式叠加观念的贡献。

第五部分(第 4 章)，分析达朗贝尔(D’Alembert, 1717—1783)、欧拉(Euler, 1707—1783)、拉格朗日(Lagrange, 1735—1813)、丹尼尔 · 伯努利(Daniel Bernoulli, 1700—1782)从不同角度确定弦的振动形状(包括较高模式形状)的过程；探讨这些数学家对简单模式叠加观念的地位问题的认识[①]。

第六部分(第 5 章)，从傅里叶从事热传导研究的原因分析、傅里叶从事热传导研究的整体思路、傅里叶对离散物体热传导的研究、毕奥(Biot, 1774—1862)对傅里叶的启发等方面阐述了傅里叶分析建立的背景。

第七部分(第 6 章)，回顾傅里叶分析建立的过程，分析傅里叶分析成功建立的原因。

第八部分(第 7 章)，傅里叶级数理论的影响。探讨了傅里叶级数理论对音乐产生的影响、对理论物理和应用数学产生的影响、对纯粹数学产生的影响。

---

① 从数学的角度看，弦振动问题争论的焦点就是任一函数能否用傅里叶级数表示的问题。

第九部分(第 8 章)，探讨了傅里叶级数在中国的研究状况、中国学者的贡献以及中国的傅里叶级数教育。

其中前八部分主要由浙江外国语学院贾随军完成，第九部分主要由浙江科技学院薛有才完成，整个书稿的数学公式由西北师范大学数学教学论方向硕士研究生马晶洋编辑与录入。

由于知识与能力有限，对傅里叶级数起源与发展历史脉络的梳理可能会顾此失彼，也可能依然没有厘清促进傅里叶级数建立的最核心要素。但不管结果如何，梳理历史线索这一艰辛的过程曾带给我思考，带给我快乐。在此，要感谢在这一历程中指导与鼓励过我的老师。

李文林与曲安京两位老师引领我进入近现代数学史领域,由于自己天生愚钝，一路走来困难重重，曾经想放弃近现代数学史的研究，是两位老师不断的鼓励与帮助才使我还走在傅里叶级数历史的探究之路上，在此对两位老师的引领、鼓励与指导表示衷心的感谢。同时，感谢国家自然科学基金(11461059)的资助。

李文林先生是国内外著名的数学史家，在百忙之中为本书写了序，他的序就是对我的鞭策与鼓励，在此我表示最衷心的感谢!

博士毕业后，还曾有宏大的梦想，梦想自己对傅里叶级数历史的考察从经典傅里叶分析扩展到抽象傅里叶分析，邓明立老师多次建议我对傅里叶分析的历史研究进行扩展，然而自从博士毕业，十年的时间过去，梦想的进展比蜗牛还慢。虽然邓明立老师的建议最终没有实现，但在此，还是要感谢邓明立老师的鼓励及建议。

限于作者水平，不足之处在所难免，恳请读者批评指正。

贾随军

2023 年 1 月 1 日

目　录

第1章 绪 论

傅里叶级数的产生是数学发展史上的重大事件。

——霍华德·伊夫斯(Howard Eves)

1.1 傅里叶级数发展概略

傅里叶级数是应用数学领域解决问题的主要工具，它在热学、光学、电磁学、医学、空气动力学、仿生学、生物学等领域都有广泛的应用。在纯数学领域，以傅里叶级数为基础产生了调和分析这门学科。经典调和分析通常被称为傅里叶分析，其主要内容为傅里叶级数与傅里叶积分的理论与应用。在经典调和分析理论的基础上，在具有代数、拓扑结构的抽象集合上也建立了相应的调和分析理论，称为抽象调和分析。由于偏微分方程、非线性分析等其他领域发展的需要，抽象调和分析用它独特的观点和方法对函数进行了分类处理，导致各种函数空间的理论(如哈代空间、索伯列夫和别索夫空间的理论)的产生；其次，与傅里叶展开有关的算子理论和应用的进一步发展，导致各种算子理论的建立，特别是建立了李特尔伍德–佩利理论和考尔德伦–赞格蒙算子理论，这些算子理论是“小波分析”(新兴学科)的理论基础(《数学辞海》编辑委员会，2002)[240]。同时，傅里叶级数的建立对数学物理这门学科做出了划时代的贡献，它开辟了数学物理的线性化时代。傅里叶级数的产生是数学发展史上的重大事件(Eves，1983)[52]。

傅里叶分析的历史可以追溯到17世纪伽利略、梅森、沃利斯(Wallis, 1616—1703)、拉莫(Rameau, 1683—1764)等人对物体振动和声学的研究。他们的研究确定了影响弦振动频率的因素，提出了声波的量化理论。但他们没有给出振动弦的形状。他们的成果为弦振动研究的先驱者们——泰勒和约翰·伯努利的工作做了充分的准备，泰勒和约翰·伯努利运用不同的方式得到了弦振动的频率、振动弦的形状以及“单摆条件”(振动物体的每一部分受到正比于偏离平衡位置距离的力的作用)。但他们两人都没有写出弦振动的方程，也没有提及较高的振动模式。达朗贝尔利用“单摆条件”以及牛顿第二定律得到了弦振动的偏微分方程，后来欧拉、丹尼尔·伯努利、拉格朗日都加入到弦振动研究的行列中来，并且他们就丹尼尔·伯努利的“简单模式叠加”解的地位问题发生了激烈的争论，这个争论隐含着一个关键性的问题：一个任意函数能否用三角级数的和来表示？傅里叶在热传导问题的研究中为了求解偏微分方程而创建了傅里叶级数，傅里叶级数理论表明任何一个函数都可以用三角级数的和来表示，从而为弦振动的争论画上了圆满的句号。

傅里叶的工作是不严密的，他没有彻底解决三角级数收敛性的问题。在傅里叶热传导理论的影响下，狄利克雷(Dirichlet, 1805—1859)于 1829 年在《克雷尔》(*Crell*)杂志发表了他最著名的一篇文章《关于三角级数的收敛性》(*Sur la convergence des séries trigométriques*)，讨论了傅里叶级数的收敛性，给出了 $f(x)$ 的傅里叶级数收敛于 $f(x)$ 本身的充分条件。黎曼(Riemann, 1826—1866)在研究狄利克雷论文的基础上，在他的就职论文《论函数通过三角级数的可表示性》(*Über die Darstellbarkeit einer Funkyion durch einer trigonometrische Reihe*)一文中给出了 $f(x)$ 的傅里叶级数收敛于 $f(x)$ 本身的充分且必要条件。至此，傅里叶级数的收敛问题得以解决，傅里叶级数理论基本建立起来。

1.2 傅里叶级数历史研究的文献回顾

研究傅里叶分析的相关文献可分为四大类：研究弦振动问题的文献；研究《热的解析理论》①的形成、发展与成熟的文献；研究《热的解析理论》或傅里叶级数影响的文献；比较宏观地研究傅里叶的生平及其成就的文献。

研究弦振动问题的文献主要有：《达朗贝尔、欧拉、丹尼尔 · 伯努利对于弦振动及其偏微分方程的研究》(Struik，1969)、《达朗贝尔：论弦振动方程》(李文林，1998)、《傅里叶级数的起源与演化》(Rudolph，1947)、《十七世纪物理学与音乐中的振动理论》(Dostrovsky，1975)、《泰勒和约翰 · 伯努利关于弦振动的研究》(Maltese，1992)、《欧拉全集》中有关弦振动的内容(Euler，1911)、《调和分析的声学起源》(Darrigol，2007)等。由于三角级数是弦振动问题研究的产物，丹尼尔 · 伯努利、欧拉、拉格朗日等人通过弦振动问题的研究从不同角度得到了关于三角级数的一些观点，而初始弦的形状能否用三角级数表示成为弦振动问题争论的焦点。因此，以上文献中的绝大多数都详细讨论了弦振动问题，有些文献甚至追溯到了 17 世纪对振动的研究。

《十七世纪物理学与音乐中的振动理论》讨论了 17 世纪对振动的研究，研究的视角包含物理学的视角和音乐学的视角两个方面。从物理学的视角看，它为我

① 《热的解析理论》是傅里叶最为重要的一部著作，在这部著作的第三章第六节详细讨论了任意函数的三角级数展开。该书主要讨论了热传导方程的建立与求解，而热传导方程的求解以任意函数的三角级数展开为基础。因此，任意函数的三角级数展开在这部著作中处于核心地位。

们展示了伽利略、梅森等人研究振动问题的思路以及成果。从音乐学的视角看，索弗尔(Sauveur, 1653—1716)深化了对泛音的理解，他指出，弦除了在整个长度上振动外，还可能在$\frac{1}{2},\frac{1}{3},\frac{1}{4},\cdots$的部分弦上振动，如果说整条弦的振动对应于基音[①]的话，那么部分弦的振动就对应于泛音[②]，弦的实际运动就是弦的整体振动与部分振动的叠加(即简单模式叠加[③])。相应地，耳朵听到的就是基音与泛音的混合音。笔者认为，傅里叶分析正是在简单模式叠加观念的基础上建立起来的。依据这个观点，此文献的价值在于为笔者考察傅里叶分析的历史提供了主线。另外，这篇论文为笔者了解 17 世纪的振动理论提供了十分宝贵的资料，从某种程度上说，傅里叶分析是研究振动的产物。因此，17 世纪有关振动理论的资料是研究傅里叶分析所必需的。通过对《十七世纪物理学与音乐中的振动理论》的考察发现，伽利略、梅森等人讨论的频率仅仅是基音的频率，实际上，泛音的频率是基音频率的整数倍，但伽利略、梅森等人并不知道这一点，他们两人的研究并没有涉及泛音的频率。同时梅森没有研究振动弦的形状，甚至他认为振动弦的形状并不重要，而重要的是脉冲或振动的有序还是无序。索弗尔已经意识到，乐器发出的声音是由简单周期振动复合而成的复杂周期振动产生的，但他并没有进一步说明这个简单周期振动是一个怎样的振动。《十七世纪物理学与音乐中的振动理论》并没有讨论梅森等人未对泛音的频率以及振动弦的形状进行研究的原因。

伽利略、梅森等人的工作为数学史上弦振动的讨论做了准备，马尔特斯(Maltese)在《泰勒和约翰 · 伯努利关于弦振动的研究》一文中认为泰勒与约翰 · 伯努利是讨论弦振动问题的先驱，在这篇文章中，马尔特斯讨论了两位先驱者的工作。他的研究表明，泰勒与约翰 · 伯努利两人都发现了“弦的回复力正比于偏离平衡位置的距离”这一命题，事实上，欧拉与达朗贝尔后来对于弦振动的研究正是在这一命题的基础上展开的，因此泰勒与约翰 · 伯努利的工作启发了欧拉和达朗贝尔。但泰勒与约翰 · 伯努利没有得到弦振动的微分方程并且没有对弦振动的较高模式进行研究，对于其原因，马尔特斯并没有进行详细阐述。

《达朗贝尔、欧拉、丹尼尔 · 伯努利对于弦振动及其偏微分方程的研究》《达朗贝尔：论弦振动方程》《欧拉全集》中有关弦振动的内容是讨论弦振动问题的原始文献。《傅里叶级数的起源与演化》《调和分析的声学起源》则是有关弦振动问题的研究文献。《傅里叶级数的起源与演化》的作者鲁道夫(Rudolph, 1894—1968)用现代数学工具重现了达朗贝尔、丹尼尔 · 伯努利、欧拉以及拉格朗日有关弦振

① 由发音体全段振动而产生的音称为基音，也就是最容易听见的声音(李重光，1962)[2]。

② 由发音体各部分振动而产生的音称为泛音，这些音是我们听觉所不易听出来的(李重光，1962)[2]。

③ 基本模式与较高模式统称为简单模式，称整条弦的振动模式为基本模式，由于部分弦的振动频率为整条弦振动频率的整数倍，故称部分弦的振动模式为较高模式。

动的工作，他为现代读者透彻理解他们的工作提供了可能。《调和分析的声学起源》的作者达里戈尔(Darrigol, 1955—)分析了17世纪的音乐理论对达朗贝尔、丹尼尔·伯努利、欧拉以及拉格朗日等人进行弦振动研究产生的影响，在此基础上，达里戈尔对丹尼尔·伯努利的观点进行了深入剖析，指出了丹尼尔·伯努利对索弗尔观点的继承与发展。他的研究表明，丹尼尔·伯努利已经有了更加明晰的简单模式叠加的观念，他把声音理解为正弦曲线组合的结果，在弦振动中，各种振动模式通过泰勒模式(正弦模式)的组合得到。当然这个观点可以追溯到索弗尔，只不过索弗尔对简单模式的认识不清，他并不知道简单模式就是正弦模式。其次，达里戈尔从不同角度论述了达朗贝尔、欧拉以及拉格朗日对丹尼尔·伯努利观点的反对。事实上，欧拉、拉格朗日、丹尼尔·伯努利等人都已经走到了傅里叶分析的大门口，但他们为什么没有创建傅里叶分析呢？达里戈尔的研究不能很好地回答这个问题，当然，丹尼尔·伯努利有了较为明晰的简单模式叠加观念，但意识到这个观念距离傅里叶分析的建立还有很多技术性方面的工作要做。依照达里戈尔的观点，丹尼尔·伯努利的物理直觉远胜于他的数学推导，他可能不愿意做一些烦琐的数学推导。而对于欧拉、拉格朗日没有建立傅里叶级数的原因，达里戈尔并没有做专门的研究。

研究《热的解析理论》的形成、发展与成熟的文献相对较多。其中《傅里叶级数与积分》(Birkhoff, 1973)[130-174]、《热的解析理论》(Fourier, 2009)、《热的解析理论》(1993年版)(傅里叶, 1993)、《热的解析理论》(2008年版)(傅里叶, 2008)为原始文献。1993年版是根据亚历山大·弗里曼(Alexander Freeman)的《热的解析理论》(英文版)译出的，由于英译版本身有一些小的错误，所以1993年版中有错误是难免的。2008年版是在1993年版的基础上对照达布(Darboux, 1842—1917)编辑的法文版《傅里叶文集》翻译过来的，2008年版纠正了1993年版中的一些小错误。这些原始文献是笔者研究傅里叶级数起源的重要素材。如果没有这些原始文献的支撑，本研究将无法展开。有关《热的解析理论》的形成、发展与成熟的研究文献主要考察了从傅里叶建立热传导方程到得出傅里叶级数并用傅里叶级数求解各种热传导方程这一历史过程。这些研究文献基本都以《热的解析理论》为线索展开论述，但它们大多都是介绍性的，内容都比较概括。如《调和分析的声学起源》、《十八世纪分析中的争论——弦振动问题》(Grattan-Guinness, 1970)[1-21]、《傅里叶级数》(Bottazzini, 1986)[57-81]、《数学史上的里程碑》(Howard Eves, 1983)、《傅里叶与数学物理的革命》(Grattan-Guinness, 1969)、《作为普通人和物理学家的傅里叶》(Herivel, 1975)。在这些研究文献中，特别值得关注的是《调和分析的声学起源》《傅里叶与数学物理的革命》《作为普通人和物理学家的傅里叶》这三本书。《调和分析的声学起源》和《傅里叶与数学物理的革命》都论述了毕奥的工作对傅里叶产生的影响，但论述是有分歧的。G. 吉尼斯(G. Guinness,

1941—2014）认为，傅里叶首先考虑了离散物体的热交换问题，当他试图通过对离散问题取极限的方法得到连续物体的热传导规律时遇到了困难，而毕奥的工作给了傅里叶一定的启发，启发傅里叶直接研究连续物体的热传导问题。而达里戈尔认为傅里叶读了毕奥的文章之后，他也被毕奥所遇到的不满足“齐次性”的问题难住了，因此他决定研究离散模式的热交换从而避开这一困难（毕奥研究的是连续物体的热传导问题）。由此可见，对傅里叶从事热传导研究的历程、建立其级数理论的背景仍有待研究，到目前为止，这方面的研究比较少，G. 吉尼斯和达里戈尔以及 J. 赫里韦尔（J. Herivel, 1918—2011）都有这样的观点：很难确定傅里叶为什么以及从什么时候开始从事热传导研究的。《作为普通人和物理学家的傅里叶》的作者 J. 赫里韦尔详细地阐述了傅里叶的生平、当时法国的社会背景，并论述了傅里叶《热的解析理论》的形成过程，这有助于笔者从一个更为广阔的视角去认识傅里叶的工作。但 J. 赫里韦尔对《热的解析理论》的关注点更多集中在物理方面，数学角度的关注度不高。欧拉、拉格朗日等人都已经站在了傅里叶级数的大门口，遗憾的是他们最终仍然没有跨进这个大门，但傅里叶却通过对热传导的研究建立了傅里叶级数理论，傅里叶为什么能够建立其级数理论呢？《调和分析的声学起源》《作为普通人和物理学家的傅里叶》《傅里叶与数学物理的革命》等文献或缺乏分析或探讨得不够。

研究《热的解析理论》或傅里叶级数影响的文献主要分为两大类：其中一部分专门讨论傅里叶级数的影响，如《傅里叶级数及其对数学分析发展的影响》（Bose, 1917）、《康托集合论的三角学背景》（Dauben, 1971）、《傅里叶级数对数学发展的影响》（Van Vleck, 1971）、《三角级数的唯一性与描述性集合论》（Cooke, 1993）；还有一部分讨论了傅里叶《热的解析理论》的影响，其中也涉及傅里叶级数的影响，如《傅里叶与数学物理的革命》、《傅里叶对英国数学的影响》（Herivel, 1972）、《傅里叶热传导理论对纯粹数学发展的影响》（Jourdain, 1917）。这些文献为笔者研究傅里叶级数的影响提供了方向——对理论物理以及数学物理产生的影响；对纯粹数学与应用数学产生的影响。同时还为笔者提供了一些具体的线索，如给各种类型的偏微分方程（波动方程、扩散方程、拉普拉斯方程）提供了一种统一的求解方法；促进了函数概念的发展并彻底澄清了函数概念；把积分学建立在一个独立于微分学的基础之上；促进了实变量函数理论的建立等。这就要求在研究傅里叶级数的起源时，必须从源头上关注与这些线索紧密相关的方面。

比较宏观地研究傅里叶的生平及其工作的文献主要有《作为普通人和物理学家的傅里叶》、《傅里叶》（吴文俊，2003a）[738-748]、《傅里叶的生活与工作》（Bose, 1915）、《傅里叶与 19 世纪早期法国数学物理学》（桂质亮，1997）、《傅里叶—— 一位受人敬重的科学家》(王青建，1983)。这些文献的涉及面都比较广，包括傅里叶的出生及教育、法国革命对傅里叶的影响，傅里叶在巴黎师范学校以及巴黎多科工艺学校的教学、在埃及的工作、做行政长官的经历、学术方面的成果，19世纪早期法国数学物理学的基本特征以及对傅里叶工作的基本分析。这些文献有助于笔者考察傅里叶从事热传导研究的背景。在这些文献中，值得特别关注的是《作为普通人和物理学家的傅里叶》，它主要由三个部分组成，分别是：傅里叶的生平及经历；傅里叶对热传导的研究；附录(附有傅里叶的部分信件)。尤其是附录中的信件是研究傅里叶的一手资料。傅里叶是如何克服毕奥所面临的“非齐次性”困难的？他是否考虑了级数的收敛性？这两个问题与傅里叶级数理论的优先权紧密相关，也与客观评价傅里叶的级数理论密切相关。附录中有三封信(附录17(Herivel, 1975)[303-304]、附录18(Herivel, 1975)[305-306]、附录19(Herivel, 1975)[307-315]，这三封信都是1810年左右傅里叶写给一个不知名的通信者的)与毕奥所面临的“非齐次性”的困难有关，它们从不同层面描述了傅里叶对“非齐次性”的思考与解决途径。其中附录19的一封信中，傅里叶详细地论述了克服这一困难的过程。附录中还有两封信(附录20：傅里叶写给拉普拉斯的信(1808—1809)(Herivel, 1975)[316-317]、附录21：傅里叶写给一个不知名的通信者的信(约1808—1809)(Herivel, 1975)[318-321])都与傅里叶展开式以及傅里叶级数的收敛性有关，它们回答了拉格朗日、拉普拉斯等人的疑问。这些信件有助于探析毕奥工作对傅里叶的影响，也有助于客观地认识傅里叶级数理论的优先权问题。

在国内，傅里叶《热的解析理论》已由桂质亮译成中文，然而除一些通史著作中出现的有关陈述外，对傅里叶级数的系统研究尚不多见。据笔者所知，仅有河北师范大学武娜以“傅里叶级数的起源和发展”(武娜，2008)为题完成了硕士学位论文，该论文主要由三个部分构成：18世纪三角级数的探索(18世纪中叶至末期)；傅里叶及傅里叶级数的诞生(19世纪初至1830年)；傅里叶级数对整个数学领域的冲击(1830年至19世纪末)。该文简明地勾勒了傅里叶级数理论发展的线索，但相关问题需要深入研究。

虽然我们可以找到一些关于傅里叶级数理论起源的研究文献，但在这一领域仍有大量问题尚待研究，如：欧拉、拉格朗日等人都已经走到了傅里叶级数的大门口，但他们为什么没有创建傅里叶级数？弦振动的争论对傅里叶建立其级数理论产生了多大的影响？傅里叶级数的创建与傅里叶进行热传导的研究有着紧密的关系，那么傅里叶为什么以及从什么时候开始从事热传导研究？只有从源头上仔细考察傅里叶级数产生的过程，才有可能解决这些问题或为这些问题的解决提供思路。

1.3 本书的特点

本书力图通过对傅里叶本人及相关数学家的原始著述的比较分析，尽可能地将所讨论的主题与这一时期整个数学的发展联系起来，与这一时期的科学、政治以及教育等方面的影响联系起来，更为全面、合理地重构傅里叶级数理论的历史。

1. 从更为广阔的背景中探索了傅里叶级数发展的历史脉络

傅里叶级数建立的基础就是简单模式叠加观念，而简单模式叠加观念不仅与声乐中的基音、泛音等概念紧密相关，而且与物理学中的振动理论关联密切。当然，傅里叶级数的建立也不能脱离傅里叶本人对热传导问题的研究。本书从声乐、振动理论、热传导理论及当时理论物理发展的基本趋势出发，从多个视角考察了傅里叶级数发展的历史脉络。

2. 探讨了傅里叶级数能够成功建立的原因

对某些数学成果建立的原因进行探析是数学史研究的目标之一，也是数学史研究的范式之一(曲安京，2005)。从文献综述中已经发现，有必要对欧拉、拉格朗日等人没有创建傅里叶级数，而傅里叶成功建立其级数理论的原因进行多角度的探索。笔者将“欧拉、拉格朗日等人为什么没有创建傅里叶级数”与“傅里叶为什么能够成功地创建其级数理论”两个问题合二为一进行讨论，试图给出傅里叶能够成功建立其级数理论的原因。

3. 探讨了傅里叶从事热传导研究的原因

从文献综述可以发现，G. 吉尼斯和达里戈尔以及 J. 赫里韦尔都有这样的观点：很难确定傅里叶为什么以及从什么时候开始从事热传导研究(Grattan-Guinness, 1969; Darrigol, 2007; Herivel, 1975)。傅里叶所处的时代属于热学发展的早期阶段，而在热学的早期研究中，核心问题是热的本质与传导，傅里叶对热学的研究并没有陷入对热的本质的争论中，而是选择了热传导的研究，这是有深刻原因的。笔者力求从科学数学化的传统、拿破仑时期法国实验物理的变革、计温学及量热学的建立等方面揭示其中的原因。

4. 初步探索了傅里叶级数在中国的传播情况

中国现代数学的兴起始于对傅里叶级数的研究。本书最后一章主要探讨1928—1950 年间傅里叶级数在中国的研究状况，中国学者对傅里叶级数研究的贡献以及中国的傅里叶级数教育。

第 2 章　傅里叶级数的早期形态

音乐之所以神圣而崇高，就是因为它反映出作为宇宙本质的数的关系。

——毕达哥拉斯

傅里叶分析是在简单模式叠加观念的基础上发展起来的，简单模式叠加观念源于对协和音程的研究，基音与泛音的共存现象中就隐藏着简单模式叠加观念。物理学上对基音、泛音的研究引出了简单模式叠加观念。在本章中，笔者围绕声乐与物理学两个方面对简单模式叠加观念的萌芽进行较为系统的梳理。

2.1　乐音中的泛音

古希腊音乐理论从某种程度上讲是算术化的，毕达哥拉斯学派把音乐理论建立在比率的基础之上，他们用比率反映音程的特性。

数学家尼科马霍斯（Nicomachus，公元 1 世纪末）告诉我们：

……当他（毕达哥拉斯）走过铁匠铺时就有机会听到铁砧上击打铁器发出的和谐的声音。在这些声音中，他分辨出了八度音、五度音、四度音……的协和音。当他跑进铁匠铺发现不同的声音缘于铁锤的重量而不是击打的力度，也不是铁锤的形状，更不是被击打铁器由于变形而带来的变化时，他很高兴，因为他的目标似乎完成了。（Dostrovsky，1975）

后来，波伊提乌（Boethius, 480—524）明确地把铁匠铺中铁锤重量的比率与音乐音程的比率联系起来。波伊提乌解释道，毕达哥拉斯通过比较五个铁锤的重量掌握了协和音程的度量。

他发现能够产生八度协和音程的两个铁锤的重量比是 2∶1，产生五度协和音程的两个铁锤的重量比是 3∶2，产生四度协和音程的两个铁锤的重量比是 4∶3。（Dostrovsky, 1975）

赛翁（Theon of Smyrna，2 世纪早期）写道：

毕达哥拉斯研究了这些比率（八度音程、五度音程、四度音程等），研究涉及了弦的长度、粗度以及张力（张力由转动木栓或弦的一端悬挂重物引起）。在管乐器情形中依据的是孔的直径以及管的宽度。同时还研究了盘、管的容积与重量……（Cohen, 1984）[294-295]

17 世纪，梅森认为利用弦受到的张力、锤的重量、长笛的长度等不能从根本上解释这些协和音程所对应的比率。惠更斯(Huygens, 1629—1695)认为，毕达哥拉斯通过比较弦的不同长度而不是不同张力发现了协和音程的比值。17 世纪科学家们发现了音高与频率之间的联系后，这些协和音程的比值就用相对频率来定义。八度音程频率的比值是 2∶1，五度音程频率的比值是 3∶2，四度音程频率的比值是 4∶3。

有一个古老的问题在古希腊时就已经产生了，为什么在八度协和音程的较低音调中存在着较高音调，但反之不然。亚里士多德(Aristotle, 公元前 384—前 322)对此感到困惑。随着人们意识到音高与频率的一致性后，梅森和 17 世纪早期的一些学者提出了一个类似的令人困惑的问题，一个物体是否可以以多个频率振动呢？梅森知道这一问题的重要性，他在《宇宙和谐》(*Harmonie Universelle*, 1636)中讨论了这个问题。他声明，一条开放的弦可以同时产生至少五个音调。在安静的环境下，只要注意力集中并经过一定训练的话，他和许多的音乐家可以毫无困难地听到这些音调。他确认了这些泛音①的音高："这些音调遵循数字 1，2，3，4，5 之间的比值规律，因为我们可以听到不同于自然音的四种音调，第一个是高于八度的音，第二个是第十二度音(3∶1)，第三个是第十五度音(4∶1)，第四个是第十七度音(5∶1)。"(Dostrovsky, 1975)梅森确信这些音调确实来源于同一条弦(不是来源于其他弦的共振)，他多次从乐器弦以及一弦琴中听到过这些音调。让梅森感到困惑的是：弦为什么产生了一些特定的泛音，这些泛音为什么同时产生。在梅森看来，同一条弦有许多频率似乎是不可能的。

因为弦产生了五个或六个音调……，这似乎必然意味着弦在同一时间击打了空气 5 次、4 次、3 次、2 次，这是无法想象的，除非半条弦击打空气 2 次，整条弦击打空气 1 次，同时三分之一、四分之一、五分之一条弦分别击打空气 3 次、4 次、5 次，这种情形和我们的经验相违背，经验清晰地向我们表明，弦的所有部分在同一时间振动了相同的次数，因为连续的弦具有单一的运动，虽然在距琴马较近的地方振动得比较缓慢。(Dostrovsky, 1975)

2.2　从物理学的角度认识泛音

大约在 1675 年，英国的音乐家约翰·沃利斯知道了节点与泛音之间的联系。沃利斯自己做实验并在他的论文《关于协和弦的振动，一个音乐新发现》(Wallis,

① 在一件乐器上奏出的任何一个音都伴随着一系列在它上方并与它有固定音程关系的音。这些音是我们听到的单音的组成部分，但也可以将它们分别奏出。泛音列中最低的音("基音")是第一泛音，其次的最低音是第二泛音，依次类推。(肯尼迪等，2002)[505] 索弗尔称它为"泛音"是因为它与基音是和谐的。

1677）中描述了他对节点的观察。

沃利斯在振动弦上环绕了一些小的纸环，从而使得对节点的展示栩栩如生（几乎弦上的每一处纸环都在剧烈地抖动，但是在节点处几乎是静止的）。当把两条弦调为不同的八度音时，他发现产生较高音调的弦使得产生较低音调的弦发生共振，并且通过一个不动点把产生较低音调的弦分成两部分；当把两条弦调为不同的十二度音时，具有较低音调的弦被分成了三部分。在更加复杂的情形中，当把两条弦调为不同的五度音时，音调较高的弦通过共振把音调较低的弦分割成三部分，而音调较低的弦把音调较高的弦分割成两部分。沃利斯发现，当在潜在的节点处拨弦时，弦产生了一个不同寻常的“刺耳的”以及“混乱的”音调。他解释说，“如果在各等分点上敲击弦，那么弦发出的声音是不和谐的，因为这些应当静止的节点受到了干扰。”（Wallis, 1677）他从观察中断言，一条弦可以有部分振动。他相信在管乐器中有类似的情形存在。罗巴茨（Robartes, 1649—1718）认为小号中的空气被分割成不同的部分，从而产生振动：

以下的想象是合理的：使劲地吹奏把管中的空气分割成不同的部分，这些部分产生短促的振动从而提高了声音，如果分割成的这些部分都是等分的，那么就有乐声形成……（Robartes, 1692）

在法国，索弗尔在 1701 到 1702 年间讨论了泛音。他解释了泛音和节点之间的联系，这种解释方式虽然和沃利斯的解释相似但又独立于他的解释。另外，他把对泛音的解释纳入到对声音的更为一般的描述中。索弗尔的独创性在于认识到了泛音的重要性；因为他逐渐意识到泛音不仅仅是特定情形下产生的稀有物，而且它是所有乐声的组成部分。他关于泛音的观点在巴黎研究院众所周知，他引入的部分术语到今天仍在使用。

在 1701 年巴黎研究院的一次会议中，索弗尔解释了关于泛音的基本特性（Sauveur, 1701）。他考虑了以下的“奇异现象”：通过轻轻地按压或放置一个小的障碍物在弦上的方法使振动弦上的一个点保持静止；不管是拨弄弦的哪一部分，弦都产生了同样的音高（高于整条弦的特征频率）。丰特内勒（Fontenelle, 1657—1757）评论道，真是很奇妙，障碍物给不等长的弦以同样的音高。事实上，索弗尔当时正在考虑由节点引发弦的较高模式振动的情形，而不是沃利斯所描述的弦的较高模式的振动是由共振引发的情形。索弗尔认为，一条弦之所以能够以较高的频率（他称之为 sons harmoniques）振动是由于静止点把这条弦分成数量恰当的几等份。他把较高的频率定义为由许多振动产生的声音，而基音是仅仅由一个振动产生的声音。他把那些不动的点称为波节（noeuds，这个单词来源于天文学），并把那些具有最大振幅的点称为波腹（ventres）。索弗尔似乎不知道沃利斯对节点论述的文章。

在当时的力学背景下，节点这个概念并不重要。丰特内勒发现，“哲学家们相信，一个理应各部分都运动的物体，可以通过运动的再分配使其有些部分保持静止。”因此，索弗尔试图使这种情形更加直观。他考虑了在一条弦的五分之一处有一个障碍物的情形。他解释说由于弦在障碍物处不能振动，这个障碍物把弦分成了两部分。较短部分(即总长的五分之一)的振动频率对应于其长度，这个频率是基频的五倍。较长部分(即总长的五分之四)“试图”以对应于其长度的较低的频率振动，但是连接部分更加频繁的振动使它的运动频率加快，直到它的一段(即总长的五分之一)获得这个较高的频率。这一部分以同样的方式影响了它附近的部分，一直这样下去，直到最后整条弦被分成五个相等的部分，每一部分的振动频率都是基频的五倍，发出的音调就是两个八度音加上一个在基音之上的大三度音。

索弗尔提到了有关简谐振动基本观点的一般化及应用：当把一个轻障碍物放置在关联的节点上时就会激发一个特定的泛音；较高的泛音是比较弱的；如果把一个障碍物在弦上轻轻地移动，那么就能够听到整个泛音序列。索弗尔假设空气柱也是以泛音模式振动的。他写道，如果一束波动的空气从吹口弥漫到第一个调音孔，“它运动得非常快，它分解成两个相同的波动，接着是三个、四个。”由于泛音理论在解释梅森的困惑方面取得了巨大的成功，索弗尔坚信泛音理论还可以产生其他的发现，“有助于声学的完善，甚至有助于找到类似于最值得称道的光学仪器那样的声学仪器。”

2.3　索弗尔的简单模式叠加观念

当索弗尔思索同时发生的泛音时发现了振动弦的较高的模式，这清楚地表明他认为弦的实际运动是基本模式与较高模式某种类型的叠加。按照丰特内勒的观点，索弗尔对这件事的考虑如下：

拨弄大键琴的琴弦，受过良好训练的人可以听见部分弦发出的声音高于整条弦发出的声音，部分弦发出的声音出现于主要的振动中，由这些主要的振动形成特定振动。这种振动就像系在一个跳舞者身上的绳子的振动一样复杂。事实上，跳舞者给绳子一个巨大的振动，两只手可以从绳子的两边给绳子施加两个独立的振动；绳子的二等分点一旦确定，可以给两段中的每一段绳子再施加一个振动，等等。这样一条绳子在整条振动的同时，每二分之一段、三分之一段、四分之一段都有自己的振动。(Fontenelle, 1702)

丰特内勒在总结索弗尔对管风琴的研究时，他甚至更加明确地指出了物理学中的叠加思想。在解释基音与泛音可以同时听到这样一个事实时，丰特内勒写道：“在整条弦振动的同时，每半条弦、每三分之一条弦、每四分之一条弦都在振动。”(Fontenelle, 1702)由于他对音高的算术表示很熟悉，丰特内勒非常赏识索弗尔用级数$1,\frac{1}{2},\frac{1}{3},\frac{1}{4},\cdots$(作为调和级数众所周知)对乐声的分析。他认为这种分析适合于所有音乐，它甚至可以描述为“没有艺术协助的大自然本身提供的音乐”。

索弗尔的声学研究成果说明,一个单个的声音是由一系列和谐的泛音构成的，一根弦包含比它短的弦所发的音，而不包含比它长的弦所发的音，因此，所有的高音包含在低音中，而低音并不包含在高音中。拉莫在《音乐理论的新体系》及以后的一些论著中，吸收了索弗尔的声学研究成果，同时他还受到牛顿的“白光是由一系列色光组成”的论断的启示，努力证明一个单个的声音是由一系列和谐的泛音构成的。

索弗尔的论文奠定了 18 世纪声学的基础,他系统化了已经知道的频率与音调一致的理论，并通过这些频率与参考频率之间的关系来表示音调。他深化了对和谐泛音的理解，解释了节拍并运用它们来解释不和谐的声音，把音色与泛音的构成联系起来。(Sauveur, 1701)索弗尔的声学与建立在傅里叶分析基础上的现代声学有着惊人的相似。索弗尔已经意识到，乐器产生的声音对应于由简单周期振动复合而成的复杂周期振动，简单周期振动(包括基本模式与较高模式，基本模式产生了基音，而较高模式产生了泛音，泛音的频率是基音频率的整数倍)的频率是基音的整数倍。耳朵能够分辨出这些混合音的构成。基音的频率决定了声音的音调，而泛音的构成确定了音色。而索弗尔没有提到简单振动的模式为正弦模式。索弗尔就像伽利略、梅森一样认为声音是一系列的脉冲，而脉冲的精确形状对耳朵来说并不重要。真正重要的是一系列脉冲的有序或无序。对他来说，一个简单的声音(纯调)就是一系列相似的脉冲，而一个混合声音包含了频率不同的脉冲。依据这种观点，复合声音的泛音的结构很显然就像索弗尔所讲的跳舞者绳子的部分振动。耳朵能够辨别出一个声音的泛音相当于能够探测到一连串的脉冲频率以及这串脉冲频率的整数倍。

索弗尔或许是第一个理解叠加观念的人。在索弗尔的声学中，叠加观念是一个隐含的观念，它也出现在他对弦振动以及音色的研究中。在索弗尔工作的基础上，18 世纪的科学家们对泛音以及较高模式进行了进一步的讨论。在研究振动弦时，丹尼尔·伯努利和欧拉在考虑到较高模式的情形下开始他们的求解，由此调和分析逐步建立起来。在音乐学领域，拉莫把他的和声理论建立在泛音的基础之上。

第3章　基本模式的绝对频率及形状

音乐的形式较近于数学而不是文学，音乐确实很像数学思想与数学关系。

——斯特拉温斯基(Stravinsky，1882—1971)

17世纪末，索弗尔已经有了简单模式叠加的观念，他认为弦的实际运动是基本模式与较高模式某种类型的叠加。然而，索弗尔对简单模式的认识是粗糙的，按照他的观点，简单模式包括基本模式与较高模式，基本模式产生了基音，而较高模式产生了泛音。至于对简单模式的形状以及基本模式的绝对频率等问题还都缺乏足够的认识。总之，索弗尔对简单模式的研究基本停留在定性的阶段。

18世纪，数学家们对于弦振动的研究从本质上讲就是对于简单模式叠加观念的深入与定量探讨。本章将详细考察梅森、泰勒、约翰·伯努利等人确定基本模式的绝对频率以及形状的过程。

3.1　乐声研究中频率概念的出现

对乐声的研究来说，频率是一个非常重要的概念，频率概念的出现是对乐声进行深入研究的开端。前面第2章中提及的对泛音的认识以及索弗尔的简单模式叠加的思想都建立在频率概念的基础之上。同时找出基本模式的频率本身也是对弦振动基本模式进行研究的目的之一。因此有必要对音乐中频率概念进行历史回顾。

伽利略批评用弦长比率来描述音程的传统，他首次通过实验确定音高取决于振动的频率。他在《关于两门新科学的对话》这部著作中考虑了频率的问题。

伽利略[①]首先讨论了共振。在解释一个单摆的周期如何依赖于它的长度的同时，他强调了频率的特性：

有必要注意每一个单摆都有自己的振动时间，这个振动时间是预先确定的，我们不可能改变它唯一而固有的振动时间……另一方面，尽管单摆很重并且是静

① 伽利略具有一定的音乐知识，他曾一度待在家里玩弄鲁特琴和键盘乐器，他与音乐理论家就古希腊音乐进行通信探讨，在他的图书馆里有许多关于音乐的书籍。

止的，但我们可以通过仅仅是吹的方式让它运动。(Galilei, 1974)[96-108]

通过类比，伽利略接着解释道：

值得注意的问题是齐特琴或拨弦古钢琴的琴弦振动并发出声音，这种声音不仅仅是同度的协和音程，而且是八度音与四度音的协和音程。刚开始拨弄一下琴弦，琴弦就开始持续振动，就可以听到它的声音了；这些振动使周围的空气也产生了波动；波动穿越了广阔的空间并击打在相同乐器的所有弦上，就好像其他乐器的弦就在附近。一条弦在一个击打下发出了同度音程，与此同时，由于第一个脉冲的作用，弦产生了振动；在相同的时间周期里，添加了第二个、第三个……第二十个以及更多的脉冲，它最终接收到了与起初的击打一样的振动，振动逐渐变得丰富起来，直到最后与波的振动一样宽广。(Galilei, 1974)[99-100]

其次，伽利略还观察到，当弹奏中提琴的低音弦时，会使得放在邻近的一只薄壁的高脚酒杯发生共鸣，如果这只酒杯具有相同的固有的振动周期的话。伽利略还发现，单纯用手指尖摩擦酒杯的边缘，也可以使它发出同样音调的声音。与此同时，如果在酒杯中盛有水的话，则可以从水面上的波纹看到酒杯振动的表现(关洪，1994)[69]。伽利略通过一系列的观察和推理，证实了声音的确是由一种机械振动产生的。

在这一基础上，为了进一步定量地研究乐音的音高同哪一个物理量相联系，伽利略接着讨论了一个实验，通过这个实验可以帮助我们理解当音调发生变化时会产生什么现象。通过共振或摩擦薄玻璃的高脚杯边缘可以发出声音。伽利略解释道，我们可以看到高脚杯的振动向周围扩展，因为里面的水起了涟漪(如果高脚杯放在一个盛有水的大容器中，那么大容器里面的水就会起涟漪)。这件事情的关键在于：

有时候高脚杯的音调跳跃到一个高八度音，这时我发现每一个波分成了两部分，这清晰地表明八度音的比率是2。

这些波纹的疏密程度显然是同单位时间的振动数目成比例的。伽利略由此断定，以往所讲的八度音程的2∶1的比例不是别的，它正是作为音高标志的振动数目即频率的比例。

为了进一步肯定观察到的音程比例确是频率的比例，伽利略又进行了另一个实验。

伽利略说这是一次偶然的发现。在他有一次用一把锋利的铁凿刮去一块铜板上的污垢的过程中，当铁凿迅速划过铜板时，会偶尔发出一声强烈而清晰的嗞嗞声，同时他看到刮下来的碎屑在铜板上排成一组纤细的等距离平行条纹。并且当他以不同的速度移动铁凿时，可以观察到，当发出音调较高的嗞声时，这些条纹排列得比较紧密；而当发出音调较低的嗞声时，这些条纹排列得比较稀疏。与此同时，握着铁凿的手会感觉到传来阵阵的震颤和抖动。伽利略由此推断说，人类的发声器官必定经历着一种类似的振动过程。后来，伽利略运用一架古钢琴作为基准，测量出当前后发出的两种不同的嗞嗞声相当于五度音程时，铜板上的条纹间隔的比例为 3：2。这一结果进一步肯定了他在酒杯实验中所得出的初步结论。而在这一实验里的发声频率在一定程度上是可以自由调节的，从而克服了在酒杯实验里只能等待整数倍频率出现的限制。

伽利略做出了如下的总结：

我说过，弦的长度、张力、粗细度都不是音乐音程比率背后的直接原因，真正的原因是振动次数或空气波撞击鼓膜次数(鼓膜以同样的次数振动)的比值。这个观点建立后，我们就可以合理地解释不同音调的声音发生的现象，我们感觉到有些声音是愉悦的，有些就欠缺一点，有些使我们烦躁；这样我们可能得到了完全协和音程、不完全协和音程以及不协和音程背后的真正原因。(Galilei, 1974) [104]

有了这些观点后，他首先解释道，音程的协和从本质上讲由较高音调的脉冲与较低音调的脉冲叠加的比例确定。他通过一个特殊的例子说明了这一点：

因此，最基本的以及最受欢迎的协和音是八度音，在这种情形下，音调较低的弦的声音每撞击一次鼓膜，音调较高的弦发出的声音就撞击两次，并且音调较高弦的声音有间隔地与音调较低弦的声音同时撞击鼓膜，则一起撞击的次数占总撞击次数的二分之一……四度音程也能给人愉悦的感觉，这是由于音调较低弦每发出两个脉冲，音调较高弦就发出三个脉冲……仅有三分之一的脉冲一起发生……(Galilei, 1974) [104-105]

接着伽利略讨论了四度音，对整个音调来说，“仅仅有九分之一的脉冲与较低弦发出的脉冲相一致”。伽利略忽略了大调三度音(5∶4)，因为到那时为止，人们在某种程度上认为三度音比四度音更加和谐(因为在 15 世纪后期，人们把作为最低音程的四度音看作是非协和音程)。伽利略以毕达哥拉斯学派纯粹的算术方式解释了协和音程序列。伽利略进一步指出，两个音调产生了一个脉冲序列，这个脉冲形成了关于时间的独特的模式。这样，在伽利略的解释中，一个音程就是一个独特节奏的快速重复。

伽利略把音高与频率联系起来，认为频率的比值对应于音程。这样他就发现了一个量——频率，这个量直接与传播的声音相关，而不是仅仅与产生声音的振动物体的性质有关。他把声音想象为光滑波(在古代，常把声音比作水波)，把音调解释为一系列的脉冲。脉冲的比率(其他音调的脉冲不会互相影响)确定了音高，较高音调的脉冲与较低音调的脉冲叠加的比例确定了音程的协和程度。

许多与伽利略同时代的学者虽然没有像伽利略一样清晰地讨论频率的问题，但他们认识到了频率的至关重要性。贝克曼(Beeckmann, 1588—1637)在 1615 年前就已经把频率与音高联系起来，当时他想推导出频率与振动弦长度之间的反比关系。虽然笛卡儿(Descartes, 1596—1650)在写于 1632 年的他的早期作品中没有强调频率，但他指出它是音高的根源。相应地，他根据不同音调的振动的一致程度来解释协和与非协和。梅森常常思考音乐比率的原因，在著作《宇宙和谐》中，对于八度音他给出了一些可能的比率，并且对于特定比率 2∶1，他给出了一些原因。最后，他认为完全有必要运用这个比率，“声音就是空气的运动，在八度音中，这种运动的比值是二，而不是四倍或八倍，在这些运动中，八度音两个声音的比值始终是同一比值。” (Mersenne, 1636) [104-105]

在另一场合下，他评论道：

高音并不来源于物体或空气的快速运动，而是来源于空气回响或物体击打和分离空气的速度或频率。这可能可以解释为什么乐器发出的声音十分洪亮。(Mersenne, 1636) [23]

简言之，17 世纪 30 年代末的研究状况表明，声音是由一系列脉冲构成的。这些脉冲的频率是一致的，脉冲序列在互不干扰的情况下运动，对耳朵来说，它们叠加的比率决定了一个音程的协和程度。人们明确接受了音高与频率一致性的观点，尽管在当时只能够度量相对频率。

3.2 对弦振动基本模式频率的研究

贝克曼试图在振动弦情形下推出频率 $\nu \propto \frac{1}{l}$。他的论证见图 3.1。

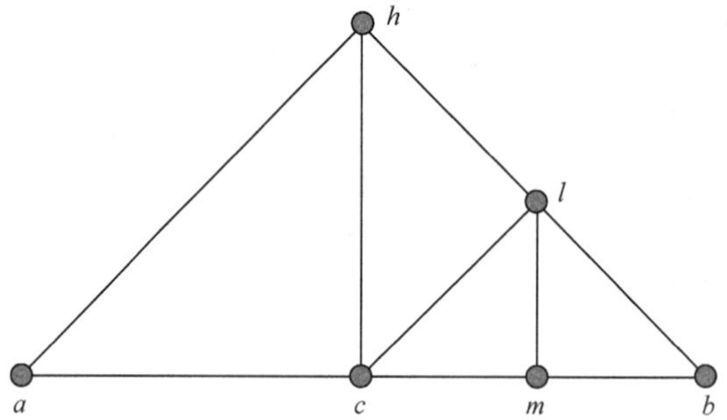

图 3.1

ab 和 cb 是相似的并且是长度不同的拉紧的弦。贝克曼假设，当把弦拉起时，它们具有相似的三角形形状，因此 $hc = 2ml$。选择弦振动的特殊的振幅并不会影响分析，因为贝克曼知道弦的振动是同步的。在贝克曼看来，由于弦具有相同的张力，那么它们被释放时具有相同的速度。贝克曼假设，弦上所有的点在回到平衡位置的所有路径上以固定的速度运动。这个假设仅仅适合于弦的中点，但是无论如何，它表明一条弦回到其平衡位置的时间正比于它的长度。贝克曼本人并没有发表他自己的论述，但是梅森在《宇宙和谐》中提到了这一论证。

弦振动的同步性似乎很容易从以下事实中得出，这个事实是：当音乐弦的音量发生变化时，音乐弦产生的音调保持同样的音高。1618 年，贝克曼写道：

由于弦最终停下来，我们应该相信弦第二次振动的振幅要小于第一次振动的振幅；这样弦的振幅最终消失了。但是对耳朵来说，直到结束，所有的声音似乎总是一样的，在相同的时间间隔中振幅是不一样的，弦上的点会运动得越来越慢……，在同样的时间间隔以前有较大的振幅而现在振幅很小。(Truesdell, 1960)[26]

1629 年，贝克曼在回答梅森的有关振动弦的振幅变化的问题时给出了一个类似的论述。笛卡儿就这一问题和梅森通过信，笛卡儿似乎认为，从原理上讲，弦的振幅与速度将以相同的比率缩小，因此振动的周期将保持不变。但是，实际上弦的运动受到了空气的影响。所以他建议仔细地研究这一问题，用实验检测最后耳朵听到的声音比刚开始高还是低，如果低了就说明空气阻碍了弦的运动，如果高了就说明使弦运动得更快。大概一个月之后，笛卡儿强调弦的运动是等时的。他用弦的回复力正比于偏离平衡位置的位移这一观点解释了等时性。在《宇宙和谐》一书中，梅森强调了这种等时性：

弦的来回振动始终保持同样的声音，弦的第一千次振动与第一次、第二次振动相比并没有降音或升音。就好像所有的来回振动结合在一起仅仅产生了一个同度音程。(Mersenne, 1636)[9]

对具有相同密度的材料来说，$v \propto \frac{1}{l}\sqrt{\frac{F}{\sigma}}$（$v$ 是频率，l 是长度，F 是张力，σ 是横截面面积）是振动弦基本模式的量化描述，此式通常被称为梅森法则。尽管其他人都知道频率是如何依赖于长度、张力以及横截面面积的，但梅森是通过详细的实验研究精确地确立这一依赖关系的。他在关于乐声(他对于乐声有特殊的兴趣)的著作中研究了振动弦问题。生活在 17 世纪的梅森比其他人更想建立一个广泛的音乐科学。他对于这个学科的兴趣非常广泛。他的研究涉及音乐美学、乐器的性质、音乐家的特征、声音的本质等。勤奋的梅森写了许多著作，其中《宇宙和谐》对声学来说非常重要。他广泛的通信促使许多人思考乐声的物理学问题。

梅森在他的著作《宇宙和谐》中对他的法则进行了阐述。(Mersenne, 1636)[123-127] 他认为两条弦的不同变量或成对变量的比值对应于特定的音程(一般是同度音程或八度音程)。这个法则并没有以代数形式出现，而是陈述如下：对于由相同材料、相同长度以及相同横截面面积构成的两条弦，如果它们发出了不同的八度音，并且给其中一条弦施加的重物是 1 磅，那么给另一条弦施加的重物一定是 4 磅，“因为重量是泛音音程比值的 2 倍。”这就是第一条法则，该法则表明，对于固定的l与$\sigma, v \propto \sqrt{F}$，第二条法则给出了一个相关因子，下面将会讨论。如果具有相同横截面面积而长度不同的两条弦发出了同度音程，那么产生张力的重量的比值就是长度平方的比值。这就是第三条法则。这条法则连同第一条法则表明，对于固定的σ有$v \propto \frac{1}{l}\sqrt{F}$，如果具有相同长度而横截面面积不同的两条弦发出了同度音程，重量的比值一定等于横截面面积的比值。这是第四条法则。这条法则连同第一条、第三条法则表明$v \propto \frac{1}{l}\sqrt{F/\sigma}$。

虽然以上描述的三条法则给出了确立基本模式相对频率的正确法则，但梅森表明，实际上有必要对这些法则作一些调整。他在第二条法则中声称为了使弦发出不同的八度音，在弦的长度与横截面积相等的情况下要求重量的比值是$4\frac{1}{4}:1$，而不是4∶1。从讨论中似乎可以看出，梅森试图把它作为一个一般的修正从而使其适合于所有情形下的张力。这种修正显然是经验性的。如果弦的弹性很小的话就不必作如此大的修正。由于在确定弦的张力时有实验误差，所以修正是必须的：梅森可能运用了穿过滑轮的水平单一弦；在这种情形下，弦与滑轮之间摩擦力的存在使得修正成为必要。

当比较由不同材料构成的弦的振动频率时，应当考虑弦的密度ρ，此时$v \propto \frac{1}{l}\sqrt{F/(\rho\sigma)}$。梅森从实验知道，由不同材料构成的弦在张力以及弦的长度、横截面面积相等的情况下发出了不同的音调，梅森给出了由不同材料构成的长度和横截面面积相等的弦发出的音调的数据。(Mersenne, 1636)[127]

梅森想知道为什么弦的一些变量遵循他所发现的法则。1646年，梅森写信给惠更斯，尽管惠更斯当时只有17岁，但在数学与物理方面的杰出才能，使他具有很高的声誉。梅森咨询惠更斯，为什么以八度音提高音调就需要把弦的张力提高到四倍，而只需要把弦长延长两倍。惠更斯回答说，他经常考虑这个问题，但没有成功过，它一定是一个困难的问题。(Dostrovsky, 1975)

然而，在1673年，惠更斯研究了有关弦振动的问题。他发现摆线具有相同的回复力，在弦的质量集中于中点这个假设之下，他得出了弦的振动频率$v = \frac{1}{\pi l}\sqrt{F/(\rho\sigma)}$。除了这个常数不适合于均匀弦外，这个结果与梅森法则是一致的。他初步分析了质量集中在一些离散点上的弦的振动问题。(Truesdell, 1960)[47-49]

1713年，索弗尔发现了弦的绝对振动频率。(Sauveur, 1713)索弗尔运用了“重力场对弦振动频率的影响几乎可以忽略”这样一个事实，以一种特殊的力学形式表述弦的运动。水平拉紧的弦由于重力场的作用成为一条曲线。相比水平弦与竖直弦的长度，弦的振幅非常小。在这种情形下，基本的振动就是一个摆动。索弗尔的假设是弦以刚体的形式产生了这种摆动。他发现了弦的最低点到水平轴的距离

$$f=\frac{Wl}{8F},$$

这里 W 是弦的总质量，l 是弦的长度，F 是张力。索弗尔仅仅在曲线是圆周或抛物线一部分的情况下用几何方法计算出了弦的最低点到水平轴的距离，但是计算的结果在一般情形下都是正确的。他运用了惠更斯的结果——与一个复摆等时的单摆的长度 p 是

$$p=\frac{\int y^2\mathrm{d}u}{\int y\mathrm{d}u},$$

这里 $\mathrm{d}u$ 是质量微元，y 是弦与坐标轴的距离。对于当作复摆来处理的弦，索弗尔发现①

$$p=\frac{4}{5}f.$$

这样弦的频率就是

$$v=\frac{1}{2\pi}\sqrt{\frac{g}{\frac{4}{5}f}}=\frac{\sqrt{10}}{\pi}\frac{1}{2l}\sqrt{\frac{F}{\rho\sigma}},$$

在上式中，如果把 $\frac{\sqrt{10}}{\pi}$ 替换为 1，那么就得到了理想弦的现代结果。索弗尔本人通过确定绝对频率的实验数据检验了这一结果。

梅森通过详细的实验研究得到了弦振动基本模式的频率 $v\propto\frac{1}{l}\sqrt{F/(\rho\sigma)}$，惠更斯与索弗尔尝试性地推导了梅森法则，并在一些特定假设下推出了梅森法则中的比例常数。但马尔特斯认为惠更斯与索弗尔两人的推导都是错误的。(Dostrovsky, 1975)

---

① 对于弦 $z=\alpha x^2$，在终点 $x=\pm\sqrt{f/\alpha}$ 处，有 $p=\frac{\int_0^{\sqrt{f/\alpha}}(f-\alpha x^2)^2\sqrt{1+4\alpha^2x^2}\mathrm{d}x}{\int_0^{\sqrt{f/\alpha}}(f-\alpha x^2)\sqrt{1+4\alpha^2x^2}\mathrm{d}x}\approx\frac{4}{5}f$，当 α 与 f 很小的时候，p 与 $\frac{4}{5}f$ 的近似程度很高。

3.3 对弦振动基本模式的形状及频率的进一步研究

毕达哥拉斯发现了协和音程与简单整数比值之间的相关性，通过把简单整数比值作为音乐理论的基础，创建了毕达哥拉斯调音法，因此被誉为测弦学的奠基人。(克里斯坦森，2011)[146]

从古希腊到 17 世纪初期的弦振动研究完全从数学的角度展开，所使用的数学工具主要为初等数学中的加减、乘除、乘方、开方以及对数运算。

17 世纪，物理学家及音乐理论家主要通过实验手段研究弦振动问题。伽利略首次通过水杯实验发现音高取决于振动频率。(Dostrovsky, 1975) 他还通过其他一些实验研究了协和音程与频率之间的关系。研究发现，弦的长度、张力、粗细度的比率并不是决定音程的真正原因，振动次数的比值才是决定音程的本质要素。

伽利略等人研究了弦振动的相对频率后，许多学者都开始关注弦振动绝对频率的度量问题。梅森通过精心设计的实验研究了影响弦振动频率的因素。他最后得到了弦振动基本模式的绝对频率 $\nu \propto \frac{1}{l}\sqrt{F/(\rho\sigma)}$（即梅森法则，其中 l 表示弦的长度，F 表示张力，ρ 表示构成弦的材料的密度，σ 表示弦的横截面面积）。

物理学家及音乐理论家通过实验研究，找到了决定音高及刻画音程的关键变量——频率，并确立了弦振动绝对频率与诸如弦长、张力等变量之间的关系——梅森法则。惠更斯与索弗尔尝试性地推导了梅森法则，并在一些特定假设下推出了梅森法则中的比例常数。但惠更斯与索弗尔两人的推导都是错误的。(Dostrovsky, 1975) 在 17 世纪，由于无法求得梅森法则中的比例常数，弦振动的绝对频率依然无法确定。

3.3.1 泰勒的弦振动研究

据说，泰勒的父亲非常喜欢音乐与绘画，经常在家里招待艺术家。这对泰勒一生的工作产生了极大的影响，他从事弦振动与透视画法的研究就是这一影响的证明。(吴文俊，2003a)[640] 剑桥大学收藏有泰勒关于音乐理论的一百多页的笔记，其中有一些是关于音乐物理基础的注记。(Dostrovsky, 1981)[20] 他对音乐的兴趣是他研究弦振动问题的动因之一。

泰勒于 1713 年在皇家学会《哲学汇刊》上发表了论文《张紧弦的振动》(Taylor, 1713)，在这篇论文中第一次出现了弦振动的绝对频率与形状的表达式。

他打算找到长度 $AB=L$，重力为 N[①]的弦在张力 T 的作用下振动的绝对频率。弧 ACB 表示在张力作用下拉伸的弦，如图 3.2。

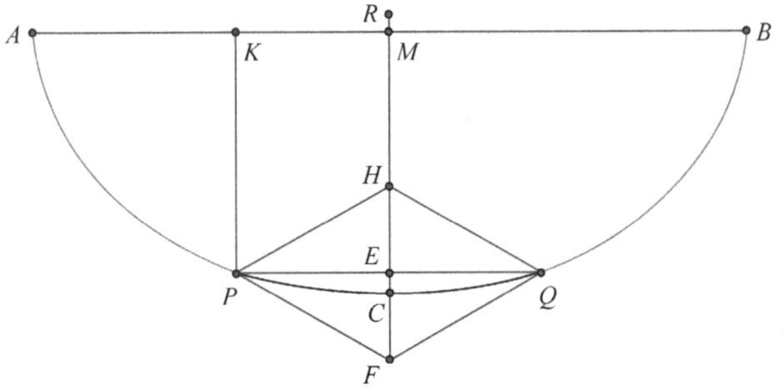

图 3.2　张力作用下拉伸的弦

泰勒假设弦在点 C 附近形成的曲线由无穷小直线段构成，它们分别是 PF 和 QF。泰勒为了确定沿 FR 方向的力，把平行四边形法则应用到弦的微小元 PF 和 QF 上。

$$\frac{\text{沿}FR\text{的力}}{\text{弦的张力}T}=\frac{EF}{PF}=\frac{PF}{FR}。\tag{3.1}$$

令 N_{PC} 和 L_{PC} 分别是 PC 段的重力与长度。那么根据式(3.1)有

$$\frac{PC\text{的加速力}}{T}=\frac{EF}{PF}=\frac{L_{PC}}{CR}，\text{②}\tag{3.2}$$

$$\frac{T}{N_{PC}}=\frac{TN}{NN_{PC}}=\frac{TL}{NL_{PC}},\tag{3.3}$$

由式(3.2)与(3.3)可得

$$\frac{PC\text{的加速力}}{N_{PC}}=\frac{TL}{N\times CR}.\tag{3.4}$$

在弧微元 PC 上运用牛顿第二定律可得

$$PC\text{的加速力}=\frac{T}{\rho\sigma(CR)}.\tag{3.5}$$

设 F 是施加于弦微元 PC（质量为 m）上的回复力（即 PC 的加速力），当弦微元 PC 与平衡位置的距离为 x 时，摆动条件就是 $aF=-mx$，其中 a 为调和常数。在单摆情形中，$F=(-gm/l)x$，则可知与弧微元 PC 等时的单摆的长度为 $l=ag$。

---

① $N=\sigma\rho gL$，其中 σ 表示弦的横截面面积，ρ 表示构成弦的材料的密度，g 表示重力加速度，L 表示弦的长度。

② 由于泰勒把自己的分析限制在很小的振动中，因此 $CR\approx FR$，故用 CR 代替 FR。

在 $aF=-mx$ 中对弧微元 PC 再次运用牛顿第二定律可得

$$PC\text{的加速力}=x/a\text{ ,}\tag{3.6}$$

由式(3.5)与(3.6)可得 $CR=\hat{a}/x$ ，其中 $\hat{a}=\dfrac{Ta}{\rho\sigma}$ 。

泰勒通过考察点 P 的曲率半径并利用微小振动的假设，得到 $|x|=b\sin\dfrac{z}{\sqrt{\hat{a}}}$ ，其中 z 表示 AK 的长度(Maltese, 1992)。结合条件当 $z=L$ 时，$x=0$ ，可得 $\sqrt{\hat{a}}=L/\pi$ ，则 $a=\dfrac{L^2\rho\sigma}{\pi^2T}$ 。那么 $l=ag=\dfrac{L^2\rho\sigma g}{\pi^2T}$ 。为了获得弦振动的绝对频率，在单摆的频率公式 $v=\dfrac{1}{2\pi}\sqrt{\dfrac{g}{l}}$ 中代入 l ，可得 $v=\dfrac{1}{2L}\sqrt{\dfrac{T}{\rho\sigma}}$ 。

3.3.2 约翰 · 伯努利的弦振动研究

约翰 · 伯努利假设弦紧绷在 zy 平面的 z 轴上，弦的两端点的位置分别是 $z=0$ 以及 $z=L$ ，弦受到的张力为 T ，线密度为 ρ' 。在负载弦情形中，n 个粒子等间距地置于一条无质量的弦上，这个间距就是 $\Delta z=L/(n+1)$ ，每个粒子具有的质量就是 $((n+1)/n)\rho'\Delta z$ ，两个端点所在的位置分别是 $(z_0,y_0)=(0,0)$ ，$(z_{n+1},y_{n+1})=(L,0)$ 。在连续弦的情形中，用 α 表示弧微元的切线与 z 轴之间的夹角；在离散弦的情形中，用 α_i 表示 (z_{i-1},y_{i-1}) 与 (z_i,y_i) 之间的连线和 z 轴之间的夹角。记 $\Delta\alpha_i=\alpha_{i+1}-\alpha_i$ 。约翰 · 伯努利从静力学原理出发，利用几何学知识发现第 i 个粒子受到的回复力是 $2T\cos((\pi-\Delta\alpha_i)/2)=2T\sin(\Delta\alpha_i/2)$ ，由于是微小振动，故 $2T\sin(\Delta\alpha_i/2)\approx T\Delta\alpha_i$ 。在连续情形中，作用在质量微元 $\rho'\mathrm{d}z$ 上的力是 $T\mathrm{d}\alpha$ ，于是有

$$T\Delta\alpha_i=T\frac{y_{i+1}-2y_i+y_{i-1}}{\Delta z}\text{；}\quad T\mathrm{d}\alpha=T\frac{\mathrm{d}^2y}{\mathrm{d}z^2}\mathrm{d}z\text{ 。}\tag{3.7}$$

接着，约翰 · 伯努利借助摆动条件 $aF=-mx$ 给出了离散情形与连续情形应满足的方程

$$\hat{a}\frac{y_{i+1}-2y_i+y_{i-1}}{(\Delta z)^2}=-y_i\text{ ,}\tag{3.8}$$

其中 $\hat{a}=\dfrac{anT}{(n+1)\rho'}$ ，a 为调和常数。

$$\hat{a}\frac{\mathrm{d}^2y}{\mathrm{d}z^2}=-y\text{ ,}\tag{3.9}$$

其中 $\hat{a}=aT/\rho'$ 。

约翰·伯努利利用类似于泰勒使用过的几何方法得到

$$y = c\sin\frac{z}{\sqrt{\hat{a}}}，\quad \pi^2\hat{a} = L^2。$$

约翰·伯努利试图运用等式 $aV^2 = c^2$ ①获得调和常数。要找到 a，先必须确定 V，为此伯努利引入了振动弦与负载弦的最大动能以及最大势能的概念。

他把离散情形以及连续情形下弦的势能定义为 T 与弦偏离平衡位置的总变化量的乘积，于是得到离散弦、连续弦的最大势能分别为

$$T\frac{c^2}{\Delta z}(1-\cos\Omega)\sum_{i=1}^{n}\sin^2\Omega i，其中\ \Omega = \frac{\pi}{(n+1)}；\quad \frac{\pi^2}{4L}Tc^2。$$

约翰·伯努利把离散弦的动能定义为所有粒子的动能之和，连续弦的动能定义为弦的动能微元的积分。则离散情形及连续情形下的最大动能分别为

$$\frac{1}{2}\frac{n+1}{n}\rho'\Delta z V^2\sum_{i=1}^{n}\sin^2\Omega i，\quad \frac{\rho' L}{4}V^2。$$

根据能量守恒原理有

$$T\frac{c^2}{\Delta z}(1-\cos\Omega)\sum_{i=1}^{n}\sin^2\Omega i = \frac{1}{2}\frac{n+1}{n}\rho'\Delta z V^2\sum_{i=1}^{n}\sin^2\Omega i，\tag{3.10}$$

$$\frac{\pi^2}{4L}Tc^2 = \frac{\rho' L}{4}V^2。\tag{3.11}$$

由式(3.10)与(3.11)可求得离散情形与连续情形下的最大速度，把最大速度代入 $aV^2 = c^2$，就可以求出离散情形与连续情形下的调和常数分别为

$$a_{离散} = \frac{L^2}{2n(n+1)(1-\cos\Omega)}\frac{\rho'}{T}，\quad a_{连续} = \frac{L^2}{\pi^2}\frac{\rho'}{T}。$$

根据 $l = ag$ 求得与弦长等时的单摆的长度，再根据单摆频率公式可求得离散情形与连续情形弦振动的绝对频率分别为

$$\nu_{离散} = \frac{1}{2\pi L}\sqrt{\frac{2Tn(n+1)(1-\cos\Omega)}{\rho'}}，\quad \nu_{连续} = \frac{1}{2L}\sqrt{\frac{T}{\rho'}}。$$

在泰勒与约翰·伯努利之前，弦振动研究主要经历了两个阶段：第一阶段，建立在初等数学基础上的测弦学研究；第二阶段，以探索弦振动绝对频率为主要任务的实验研究。而泰勒与约翰·伯努利对弦振动的研究则标志着弦振动研究新

---

① 在连续情形中，c 表示给定的振幅，V 表示弦的中点的最大速度；而在离散情形中，c 表示第一个质点的振幅，V 表示第一个质点的最大速度。

阶段的来临，此时的弦振动研究置于理性力学的框架中，即从被证实的力学现象出发，获得用精确的数学语言所描述的力学定律，再使用数学的演绎推理，从这些定律推导出新的定律。(Ravetz, 1992) 泰勒与约翰 · 伯努利的研究都以弦振动的等时性为基础，等时性意味着弦上的每一点同时穿越平衡位置，他们把这一特性用数理关系呈现出来。他们认为，弦振动的等时性就要求有正比于偏离平衡位置位移的力的作用，即 $aF=-mx$ ，约翰 · 伯努利还据此给出了离散弦与连续弦的等时性条件 $\hat{a}(y_{i+1}-2y_i+y_{i-1})/(\Delta x)^2=-y_i$ 与 $\hat{a}(\mathrm{d}^2y/\mathrm{d}z^2)=-y$ 。按照泰勒和约翰 · 伯努利的观点，弦振动的等时性表明弦上每一点的运动可以看作是一个单摆的运动，那么弦振动频率的研究就转化为确定弦的“振动中心”，即确定与弦等时的单摆的长度 l ，而单摆的频率公式是已知的，这就可以利用已经建立起来的定律 $l=ag$ 求出弦振动的频率。

3.3.3 泰勒与约翰 · 伯努利弦振动研究产生的影响

泰勒与约翰 · 伯努利对弦振动的研究体现了数学与物理的紧密结合，虽然他们的出发点是物理定律，当然这些物理定律是观察与实验的结果，但实验已从台前走向幕后，因为微分方程已成为物理定律的有效表达方式。另一方面，他们使用的数学工具已完全超越初等数学的范畴，17 世纪发展起来的包括微分方程在内的微积分已成为他们的主要数学工具，不管是从研究的方法还是使用的数学工具来看，泰勒与约翰 · 伯努利的工作都是弦振动研究的重大变革。后来，达朗贝尔、欧拉、丹尼尔 · 伯努利以及拉格朗日对弦振动的研究仍然是在泰勒与约翰 · 伯努利开创的模式下进行的。

特鲁斯德尔 (Truesdell, 1919 —2000) 强调，牛顿的《自然哲学的数学原理》实际上是一部关于力学的鸿篇巨著，第一次从一组公理中推导出了一系列的结论。然而，这些公理不是现代意义下的关于运动的法则，比如方程 $F=ma$ 常作为一个质点持续运动的条件而不是一个基本的力学定律。(Maltese, 1992) 泰勒是第一个把牛顿第二定律运用到一个连续系统中一个无穷小部分的学者，这是牛顿第二定律一般化进程中迈出的重要一步。泰勒的工作启发欧拉走向构建牛顿运动第二定律微分表达式的正确道路。经过欧拉的努力，牛顿第二定律成为一个一般的力学定律。牛顿第二定律的使用范围从具有一个自由度的力学系统逐步扩展到具有多个自由度的力学系统，从刚体力学的范畴逐步扩展到弹性力学的范畴。

约翰 · 伯努利的研究主要利用了静力学原理与活力守恒原理（即后世“能量守恒定律”的雏形），很可能约翰 · 伯努利是从他以前对悬链线问题的研究中获得了有关静力学原理的灵感。他除了在弦振动问题上运用活力守恒原理外，还利用这个原理解决了其他一些问题。他促进了这个原理的明确化，并频繁地运用这个原理，在 18 世纪三四十年代，在表明活力守恒原理比牛顿运动定律更为优越的过程中，约翰·伯努利扮演了重要角色。

牛顿的《自然哲学的数学原理》中没有处理各种类型的诸如刚性、弹性物体的机械系统，尽管它们构成了许多重要的问题，力图对这些问题加以解决是力学进展的一个强劲动力。而泰勒与约翰·伯努利关于弦振动的工作标志着把适合于刚体振动的方法扩展到可伸展物体。他们确立了处理可伸展物体振动问题的常用方式：先确定振动中心，当把振动中心看作是可伸展物体的一部分并且物体的质量集中在它上面时，它有着以同样的频率振动的属性；然后确定与该伸展物体等时的单摆的长度。

在 18 世纪初，泰勒与约翰·伯努利的论文包含了连续系统动力学最先进的成果，他们两人的工作在一定程度上启发欧拉缔造了现代力学。

泰勒与约翰·伯努利有关弦振动的研究为达朗贝尔、欧拉、丹尼尔·伯努利以及拉格朗日的相关工作奠定了基础，启发丹尼尔·伯努利和拉格朗日等人走到了傅里叶级数的大门口，并引发了对函数概念的激烈争论。(Lützen, 1983)

3.3.4　泰勒和约翰·伯努利弦振动研究的不足

泰勒和约翰·伯努利没有建立起弦振动方程，同时他们也没有发现较高振动模式。

关于弦振动方程，两位数学家都得到了弦上无穷小部分的力是由弦的曲率引起的结论。但由于当时还缺乏偏导数的相关理论，他们并没有用质点的质量乘以位移关于时间的二阶偏导数来表示回复力。他们错失了建立弦振动运动方程的机会。至于他们没有发现较高振动模式的原因，可以从两个方面来考虑。一方面，他们感兴趣的是弦振动的周期，而不是运动本身，因此，两人对振动弦的形状并不是很关心。为了找到调和常数 a，他们不得不研究振动弦的形状，振动弦的形状仅仅是获得调和常数 a 过程中的一个副产品而已。另一方面，当时关于三角函数的微积分还没有完全建立。泰勒和约翰·伯努利不得不采用几何方式进行积分。今天，我们把正弦函数定义在整个实数轴上，可以很容易从方程 $x = b\sin(z/\sqrt{\hat{a}})$（当 $x = b\sin(n\pi z/L)$，$z = L$ 时，$x = 0$）中得到 $\sqrt{\hat{a}} = L/(n\pi)$，则 $x = b\sin(n\pi z/L)$，这样较高模式就出现了。

泰勒与约翰·伯努利的研究是弦振动研究历程中的一次变革，他们从理性力学的角度展开了对弦振动问题的研究，整个研究过程中数学与力学紧密地结合起来，后来达朗贝尔、欧拉、丹尼尔·伯努利以及拉格朗日的研究仍然是在泰勒与约翰·伯努利开辟的道路上前行。泰勒与约翰·伯努利的研究对音乐、物理与数学等学科都产生了广泛的影响。从音乐角度看，他们得到了弦振动的频率以及振动弦的形状，这对于弦乐器的设计以及调音都有极大的实践意义。从物理学角度看，泰勒与约翰·伯努利的研究确立了处理可伸展物体振动问题的常用方式，此外，泰勒的工作启发欧拉走向构建牛顿运动第二定律微分表达式的正确道路，约翰·伯努利的研究促进了“活力守恒原理”的明确化。从数学的角度看，泰勒与约翰·伯努利有关弦振动的研究为达朗贝尔、欧拉、丹尼尔·伯努利以及拉格朗日的相关工作奠定了基础，启发丹尼尔·伯努利以及拉格朗日等人走到了傅里叶级数的大门口。当然，他们的研究也有不足之处，他们没有建立起弦振动方程，同时，也没有发现较高振动模式。

第 4 章　对于简单模式叠加观念的争论

科学与艺术在山脚下分手，在山顶上会合。

——福楼拜(G. Flaubert, 1821—1880)

本章将分析达朗贝尔、欧拉、拉格朗日、丹尼尔·伯努利从不同角度确定弦的振动形状(包括较高模式的形状)的过程；梳理他们对弦振动形状及简单模式叠加观念的激烈争论。这些争论反映了当时的数学家们对函数、解析函数、连续函数、微分方程的一般解等数学概念的一些困惑，这些困惑可能是他们没有建立傅里叶级数理论的部分原因。

4.1　达朗贝尔对弦振动问题的研究

达朗贝尔的论文《弦振动形成的曲线研究》(D'Alembert，1749a)和紧随其后的后续研究都开始寻找振动弦的一般形状，这个研究以泰勒提出的偏微分方程的求解为基础。这篇论文展现了达朗贝尔、欧拉、丹尼尔·伯努利对这一课题的贡献，关于“任意”函数的本质以及它的三角函数展开式，论文中作者们有不同的结论，争论的解决要归功于 19 世纪的傅里叶、狄利克雷和黎曼。

达朗贝尔的研究(Struik, 1969)[351-368]：

Ⅰ　达朗贝尔将证明存在无穷多种与“延伸摆线”(elongated cycloid，指正弦曲线)不同的曲线，满足所考虑的问题。他始终假设：

(1)弦的偏移与振动非常小，以至于总可以合理地将所形成的曲线 AM 与相应的横坐标 AP 看成相等，见图 4.1。

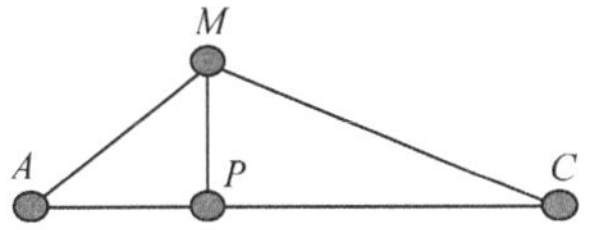

图 4.1

(2)整根弦粗细是均匀的。

(3)张力 F 与弦受到的重力之比为常数 $m \cdot l$，由此若 p 为弦受到的重力，l 为曲线长，则可假定 $F = pml$。

(4)若称 AP 或 AM 为 s，称 PM 为 y，并视 $\mathrm{d}s$ 为常数，则在 M 点沿 MP 方向的加速力当曲线凹向 AC 时为 $-F(\mathrm{d}^2 y/\mathrm{d}s^2)$ (这个式子现在常常写为加速力$=-F(\partial^2 y/\partial x^2)$)，当曲线凸时为 $F(\mathrm{d}^2 y/\mathrm{d}s^2)$。

Ⅱ　这样，让我们设想 MD,DN 是曲线在任一瞬时的两段相邻弧，并设 $PO=OB$，即 $\mathrm{d}s$ 为常数，见图 4.2。设 t 为振动经历的时间，纵坐标 PM 可表示为时间 t 和横坐标 s 的函数①。因此，我们设 $PM=y=\phi(t,s)$，亦即设它等于 t 和 s 的未知函数。我们记 $\mathrm{d}[\phi(t,s)]=p\mathrm{d}t+q\mathrm{d}s$，$p$ 和 q 也是 t 与 s 的函数。根据欧拉的一条定理，p 的微分中 $\mathrm{d}s$ 的系数显然应等于 q 的微分中 $\mathrm{d}t$ 的系数②。因此，如果 $\mathrm{d}p=\alpha\mathrm{d}t+v\mathrm{d}s$，那么 $\mathrm{d}q=v\mathrm{d}t+\beta\mathrm{d}s,\alpha,v,\beta$ 亦为 t 和 s 的未知函数。

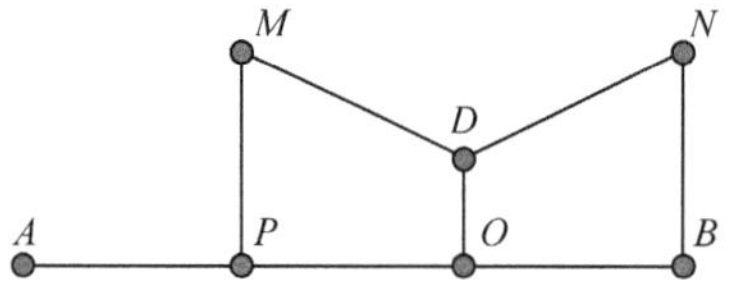

图 4.2

Ⅲ　因为 MD,DN 属于同一曲线，由上述可知，仅有 s 变化时 $OD-PM$ 将等于 $\phi(t,s)$ 的微分，所以，$OD-PM=q\mathrm{d}s=\mathrm{d}s\cdot q$，并且我们在前面用 $\mathrm{dd}y$ 表示的量，即 PM 仅有 s 变化时所取的二阶微分将等于 $\mathrm{d}s\cdot\beta\mathrm{d}s$，因此，

$$F(\mathrm{dd}y/\mathrm{d}s^2)=F\beta\text{。}\tag{4.1}$$

Ⅳ　现在让我们设想点 M,D,N 移至 M',D',N'，如图 4.3 所示。PM' 超过 PM 的部分显然等于 $\phi(t,s)$ 仅有 t 变化时所取的微分，也就是说 $PM'-PM=p\mathrm{d}t=\mathrm{d}t\cdot p$；并且 PM 仅有 t 变化时所取的二阶微分，即 MM' 的微分(或相当于点 M 在加速力作用下通过的距离)，等于 $\alpha\mathrm{d}t^2$。

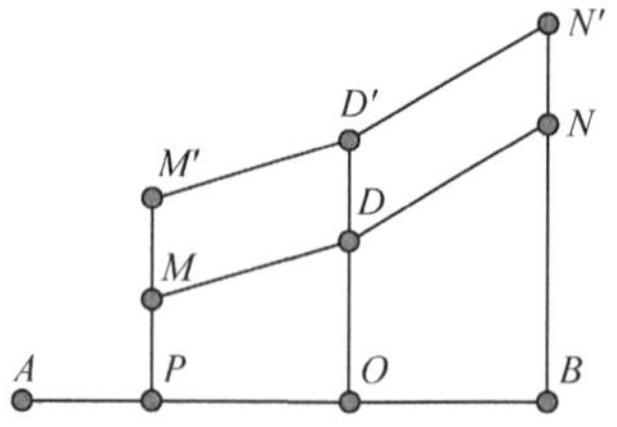

图 4.3

Ⅴ　这样，设 a 是在重力 p 作用下物体在定常时间 θ 内通过的路程，那么显然有

$$\alpha\mathrm{d}t^2:2a=F\beta\mathrm{d}t^2:p\theta^2\text{。}\tag{4.2}$$

因此，

$$\alpha=\frac{2aF\beta}{p\theta^2}=\beta\frac{2aml}{p\theta^2}=\beta\frac{2aml}{\theta^2}\text{。}$$

我们可以设 $\theta^2=2mal$，在此情形下有 $\alpha=\beta$。由于 $\mathrm{d}q=v\mathrm{d}t+\beta\mathrm{d}s$，从而 $\mathrm{d}q=v\mathrm{d}t+\alpha\mathrm{d}s$。

Ⅵ　为了利用这些条件来确定量 α 与 v，我们注意：因 $\mathrm{d}p=\alpha\mathrm{d}t+v\mathrm{d}s$ 和 $\mathrm{d}q=$

① 达朗贝尔当时将函数看作是由代数和微积分步骤构成的解析表达式，但正是他的关于弦振动的论文，引起了什么是函数的争论。

② 这里是指定理：当 $F=F(x,y)$ 时，有 $\frac{\partial^2F}{\partial x\partial y}=\frac{\partial^2F}{\partial y\partial x}$。

$v\mathrm{d}t+\alpha\mathrm{d}s$，故应有

$$\mathrm{d}p+\mathrm{d}q=(\alpha+v)\cdot(\mathrm{d}t+\mathrm{d}s),\quad \mathrm{d}p-\mathrm{d}q=(\alpha-v)\cdot(\mathrm{d}t-\mathrm{d}s)。$$

由此可得：

(1) $\alpha+v$ 是 $t+s$ 的函数，$\alpha-v$ 则是 $t-s$ 的函数；

(2) 因此，我们将有 $p=\dfrac{\phi(t+s)+\Delta(t-s)}{2}$ 或简单地有 $p=\phi(t+s)+\Delta(t-s)$ 和 $q=\phi(t+s)-\Delta(t-s)$。由此可得(因 $\mathrm{d}\phi=p\mathrm{d}t+q\mathrm{d}s$) $PM=\psi(t+s)+\Gamma(t-s)$，这里 $\psi(t+s)$ 和 $\Gamma(t-s)$ 分别表示 $t+s$ 和 $t-s$ 的未知函数。从而曲线的一般方程为

$$y=\psi(t+s)+\Gamma(t-s)。\tag{4.3}$$

Ⅶ　容易看出，这个方程包括了无穷多条曲线。为了说明这一点，我们只要在此考虑一个特殊情形，即当 $t=0$ 时 $y=0$ 的情形。

我们简单陈述进一步的讨论：因为曲线通过了点 A 和 B $(s=0, y=0; s=l, y=0)$，达朗贝尔得到了 $\Gamma(-s)=-\psi(s), \Gamma(t-s)=-\psi(t-s)$，所以有 $y=\psi(t+s)-\psi(t-s)$。由于 $\psi(-s)=-\Gamma(s)=\psi(s)$，我们发现 $\psi(s)$ 是一个关于 s 的偶函数，同时 $\psi(t+l)-\psi(t-l)=0$。可以肯定的是，我们一定能够找到 $\psi(t+s)$。为了找到它，构造曲线 tOT，如图 4.4 所示。

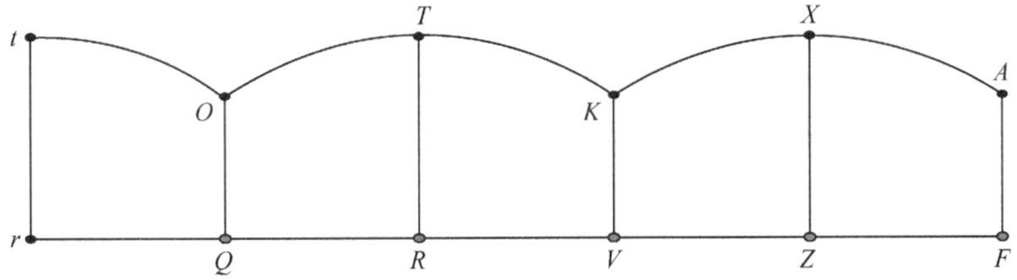

图 4.4

设 $TR=u=\psi(z), z=QR$，很容易发现这个曲线具有周期性，它在不断地重复曲线 OTK，其中 $QV=2l$。达朗贝尔从几何的角度阐明了这样的曲线是如何构造的，同时他还把它和旋轮线进行比较。一旦 OTK 给定，就可以找到任何时刻的曲线 y。

在第二篇文章中，达朗贝尔把曲线 OTK 称为生成曲线，并且给出了生成曲线的不同类型以及相应的振动时间。接着，他利用泰勒的结果，认为如果有 $-(\mathrm{d}^2y/\mathrm{d}s^2):(1/R)=y:A$（$R$ 为曲线上纵坐标最大点处的曲率半径)，那么

$$\mathrm{d}s=\frac{A\mathrm{d}y}{\sqrt{A^2-y^2}}\frac{\sqrt{R}}{\sqrt{A}},\tag{4.4}$$

这意味着当 $y = A$ 时 $\mathrm{d}y/\mathrm{d}s = 0$。当 l 是弦的长度时，$R = l^2/(n\pi A)$。设 y' 是 t 时刻的最大坐标，那么（$\theta = 2mal$）就有

$$\frac{\mathrm{d}y'}{\sqrt{A^2-(y')^2}} = \frac{\pi \mathrm{d}t}{\theta}\frac{\sqrt{2am}}{\sqrt{l}}, \tag{4.5}$$

因此，

$$\frac{y'}{A'} = \frac{\mathrm{e}^p - \mathrm{e}^{-p}}{2\sqrt{-1}}, \quad p = \frac{\pi t\sqrt{2am}\sqrt{-1}}{\theta\sqrt{l}}。 \tag{4.6}$$

这样达朗贝尔就获得了 $\psi(t+s) = A\dfrac{\mathrm{e}^q + \mathrm{e}^{-q}}{-4}, q = \dfrac{\pi\sqrt{-1}}{l}(t+s)$ 以及 $\psi(t-s)$ 的一个类似表达式，他在第 XXI 目写道：

这是建立在一般假设基础上的振动弦的方程，假设弦在开始运动时呈直线状态，接着在适当的激发下，弦呈现出的形状就是延展的正弦曲线。

在第 XXII 目中，达朗贝尔发现 $\psi(t+s) - \psi(t-s) = \Delta(t)\Gamma(s)$，$\Delta$，$\Gamma$ 分别是关于 t 和 s 的函数。他得到了

$$\Gamma(s) = \frac{\mathrm{e}^{Ms\sqrt{-1}} - \mathrm{e}^{-Ms\sqrt{-1}}}{2\sqrt{-1}}, \tag{4.7}$$

$$\Delta(t) = \sin Mt \text{ 或 } \cos Mt。 \tag{4.8}$$

达朗贝尔在 1750 年说：我用一种间接的方法发现，如果 $\psi(t+s) - \psi(t-s) = \Delta(t)\Gamma(s)$，则 $\Gamma(s) = \sin Ms, \Delta(t) = \sin Mt$ 或 $\cos Mt$。这个命题是正确的，并且从当时的观点来看是精确的，但是，我又从一个更为一般的角度来思考这个问题，我已经发现了解决这个问题的一个直接的方法。(Struik, 1969) [359]

新的解法开始于关于 t 和 s 的偏微分方程

$$\psi(t+s) - \psi(t-s) = \Delta(t)\Gamma(s), \qquad \Gamma(t+s) - \Gamma(t-s) = \frac{\mathrm{d}\Delta(t)}{\mathrm{d}t}\Gamma(s),$$

$$\Gamma(s) = \frac{\mathrm{d}\psi}{\mathrm{d}s}, \qquad \Gamma(t+s) - \Gamma(t-s) = \Delta(t)\frac{\mathrm{d}\Gamma(s)}{\mathrm{d}s},$$

通过继续微分得到

$$\frac{\mathrm{dd}\Delta(t)}{\Delta(t)\mathrm{d}t^2} = \frac{\mathrm{dd}\Gamma(s)}{\mathrm{d}s^2\Gamma(s)}。$$

因此，$\mathrm{d}^2\Delta(t) = A\mathrm{d}t^2\Delta(t), \mathrm{d}^2\Gamma(s) = A\mathrm{d}s^2\Gamma(s)$，$A$ 是一个常数，经过一些计算后就导出了

$$\Delta(t) = Me^{t\sqrt{A}} + ge^{-t\sqrt{A}}, \quad \Gamma(s) = Me^{s\sqrt{A}} - Me^{-s\sqrt{A}},$$

M 和 g 是由边界条件所确定的常数。如果当 $s=0, s=l$ 时，$\psi(t+s)-\psi(t-s)=0$，则 $\sqrt{A}$ 一定是虚数。

为了呈现更为广泛与更为一般的解，达朗贝尔假设弦的初始状态为 $y(0,s)=f(s)$，初始速度为 $v(0,s)=g(s)$。由这些条件以及边界条件（$s=0, y=0$），他得出了以下方程：

$$\psi(s)-\psi(-s)=f(s), \tag{4.9}$$

$$\psi'(s)-\psi'(-s)=g(s)。 \tag{4.10}$$

对式(4.10)进行积分就可得到

$$\psi(s)+\psi(-s)=\int g(s)\mathrm{d}s。 \tag{4.11}$$

"$f(s), g(s)$ 都是关于 s 的奇函数，也就是说这些函数中只允许 s 的奇数次幂存在。"(D'Alembert, 1749a) 由式(4.9)、(4.11)就可以得出

$$\psi(s)=\frac{1}{2}\int g(s)\mathrm{d}s+\frac{1}{2}f(s), \quad \psi(-s)=\frac{1}{2}\int g(s)\mathrm{d}s-\frac{1}{2}f(s)。 \tag{4.12}$$

达朗贝尔认为，"我们必须注意 f 和 g 不能随意给出，因为它们必须满足一些条件。"同时他强调，$f(s)$ 遵循连续性法则—— $f(s)$ 由唯一的解析表达式给出，即 $f(s)$ 是一个"连续"函数，由于 $y(t,s)$ 要满足微分方程(4.1)，它必须是二次可微的，但 $y(0,s)=f(s)$，所以 $f(s)$ 也应当是二次可微的。

达朗贝尔首次得到了振动弦的偏微分方程，并成功地对它进行了求解，他求出的解表明弦振动问题的解比泰勒给出的解多得多，泰勒的正弦函数的解仅仅是一种特殊情况，显然，达朗贝尔反对泰勒的结论——任何初始条件都将导出弦的正弦形式。达朗贝尔在偏微分方程的求解中运用了变量分离的方法，这是求解偏微分方程的一种常用方法。

4.2　欧拉对弦振动问题的研究

虽然到目前为止，泰勒、约翰 · 伯努利和其他人都已经讨论了弦振动的问题，似乎关于这个问题已没有什么可做了，但是，这仍然保留着两个严格的限制，这样就与真实的弦的振动有区别。首先，他们都假定拉紧的弦发生了非常轻微的振动，以至于不管振动弦是直线还是曲线，都认为它们有相同的长度；其次，他们假定所有的振动都是规则的，宣称在每一次振动中整个弦马上被拉紧，并且从这一状态开始寻求表示弦的形状的曲线。他们找到的曲线就是把次摆线延

伸到无穷。

欧拉放弃了第一个限制，但是对第二个限制没有详细说明，因为“即使在刚开始，振动是不规则的，但不久以后，它们就成规则的了，并形成一个延长的次摆线”。

欧拉研究了以下问题：

一条给定长度与质量的弦，在一给定张力或重力作用下拉紧，拉紧后的弦不是直线，而是一条任意曲线，然而，这条曲线与一条直线的差别为无穷小，如果这时马上放开它，接着来确定由它引起的整个振动。

欧拉推导了具有长度为 a 、质量为 M 的弦 AB 在张力 F 作用下运动的偏微分方程。如果 $\mathrm{d}y = p\mathrm{d}x + q\mathrm{d}t, \mathrm{d}p = r\mathrm{d}x + s\mathrm{d}t, \mathrm{d}q = s\mathrm{d}x + u\mathrm{d}t$ ，他发现纵坐标 PM （用 y 表示）是 AP （用 x 表示）的函数。任意一点 M 上的加速力 $P = -\dfrac{Far}{M} = -\dfrac{2\mathrm{d}^2 y}{\mathrm{d}t^2}$ 。接着，记 $Fa/(2M) = b,\ x + t\sqrt{b} = v,\ x - t\sqrt{b} = u$ 。他发现了

$$\mathrm{d}q + \mathrm{d}p\sqrt{b} = \mathrm{d}v(s + r\sqrt{b}), \quad \mathrm{d}q - \mathrm{d}p\sqrt{b} = \mathrm{d}u(s - r\sqrt{b})\text{。}$$

这就导出了表达式

$$y = f(x + t\sqrt{b}) + \phi(x - t\sqrt{b})\text{。} \tag{4.13}$$

运用初始条件，就变为

$$y = \frac{1}{2} f(x + t\sqrt{b}) + \frac{1}{2} f(x - t\sqrt{b})\text{。} \tag{4.14}$$

欧拉发现了一般解，接着他考虑一些特殊情形，如图 4.5，像鳗一样的一条连续曲线，各部分依靠连续性法则联系起来。首先，这些曲线常常都是超越的，他们与轴相交于无穷多个点。如果弦的长度 $AB = a$ ，任一横坐标 $AP = u$ ，如果用 $1:\pi$ 作为圆的直径与周长的比值，那么很明显以下用正弦表示的方程就可以表示这条曲线：

$$PM = \alpha \sin\frac{\pi u}{a} + \beta \sin\frac{2\pi u}{a} + \gamma \sin\frac{3\pi u}{a} + \delta \sin\frac{4\pi u}{a} + \cdots\text{。} \tag{4.15}$$

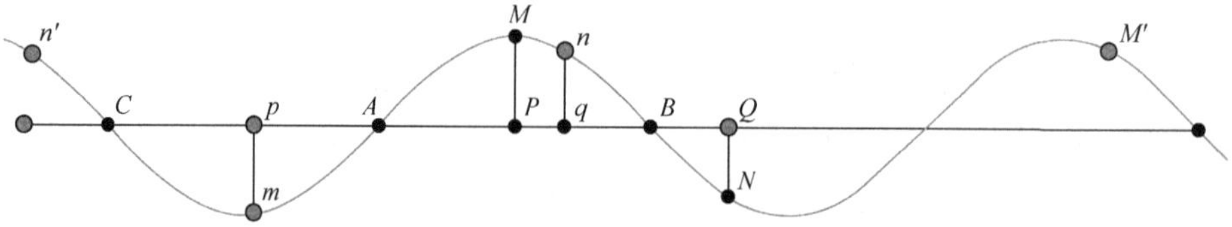

图 4.5

实际上，如果我们把 u 分别用 $a, 2a, 3a, 4a, \cdots$ 替换的话，纵坐标 PM 就会消失，如

果 u 取负值，纵坐标本身也会变成负值。因此，如果曲线 AMB 是弦的初始形状，时间 t 之后，重物下降的高度为 z，令 $v=\sqrt{2Faz/M}$，弦的图像中的横坐标 x 对应的 y 是

$$y=\frac{1}{2}\alpha\sin\frac{\pi}{a}(x+v)+\frac{1}{2}\beta\sin\frac{2\pi}{a}(x+v)+\frac{1}{2}\gamma\sin\frac{3\pi}{a}(x+v)+\cdots$$
$$+\frac{1}{2}\alpha\sin\frac{\pi}{a}(x-v)+\frac{1}{2}\beta\sin\frac{2\pi}{a}(x-v)+\frac{1}{2}\gamma\sin\frac{3\pi}{a}(x-v)+\cdots。$$

因为 $\sin(a+b)+\sin(a-b)=2\sin a\cos b$，所以以上方程就可以转化为如下形式：

$$y=\alpha\sin\frac{\pi x}{a}\cos\frac{\pi v}{a}+\beta\sin\frac{2\pi x}{a}\cos\frac{2\pi v}{a}+\gamma\sin\frac{3\pi x}{a}\cos\frac{3\pi v}{a}+\cdots。\tag{4.16}$$

弦的初始形状可以由如下方程来表示：

$$y=\alpha\sin\frac{\pi x}{a}+\beta\sin\frac{2\pi x}{a}+\gamma\sin\frac{3\pi x}{a}+\cdots。\tag{4.17}$$

当 v 变为 $2a,4a,6a,\cdots$，弦的形状仍然可以用初始形状来表示。但是当 v 变为 $a,3a,5a,\cdots$，弦的形状可以表示为

$$y=-\alpha\sin\frac{\pi x}{a}+\beta\sin\frac{2\pi x}{a}-\gamma\sin\frac{3\pi x}{a}+\cdots,\tag{4.18}$$

在这里我们必须注意当 $\beta=0,\gamma=0,\delta=0$ 时的情形，这通常被认为是弦振动形状的唯一的情形，即 $y=\alpha\sin\frac{\pi x}{a}\cos\frac{\pi v}{a}$，在这种情形下，弦形成的曲线永远是正弦线或次摆线延伸到无穷的情形。(Struik, 1969)[351-368]

4.3　对达朗贝尔、欧拉关于弦振动问题研究的评价

达朗贝尔把弦微元的纵坐标 y 看作是时间 t 与曲线横坐标 s 的函数，通过把泰勒的回复力的表达式与牛顿的加速度定律相结合首次获得了弦振动的偏微分方程。这个方程的建立以多变量函数的微分概念①为基础。在这之前之所以没有建立起弦振动的偏微分方程，可能与缺乏多变量函数的微分概念有关。

从方法上讲，欧拉的求解与达朗贝尔的求解没有很大的区别。欧拉只是希望对解的一般性作些评论。实际上他考虑的方程与达朗贝尔考虑的完全一致，从本质上讲都是

---

① 多变量函数的微分概念在早些时候由欧拉与法国数学家方丹(Alexis Fontaine,1705—1771)提出。

$$\frac{\partial^2 y}{\partial t^2}=a^2\frac{\partial^2 y}{\partial x^2}\text{。} \tag{4.19}$$

欧拉强调为了使解具有最大限度的一般性，就应当使弦的初始形状具有任意性。初始曲线可以是规则的并由一特定方程表示，也可以是不规则的和机械的。他构造出的解为式(4.14)。

然而，对于描述弦的初始形状的函数 $f(x)$ 的特征，达朗贝尔与欧拉具有完全不同的观点。

从本质上来讲，达朗贝尔与欧拉争论的焦点是函数概念，争论需要确定能够作为微分方程(4.19)的解的本质。

实际上，对我来说，除了假定 y 是关于 t 和 s 的函数，我们不可能更加一般地解析表示 y。并且在这个假设之下，我们仅仅找到了特定情形的解，这种特定情形就是振动弦的图像可以用同一个方程表示(即它形成了一条连续曲线)。我似乎觉得在其他所有情况下都不可能给出 y 的一般形式。(D'Alembert, 1752)

这里达朗贝尔提出的曲线连续性的观点在当时的分析学中占支配地位。欧拉在写《无穷分析引论》之前的几年间就对这一观点进行了论述。在《无穷分析引论》的第二卷中，当引入平面上的笛卡儿坐标系后，他写道：

虽然有一些曲线可以用点的连续的机械运动完整地描绘出来，然而在这里我们主要考虑从函数演化而来的曲线，因为这样的曲线是解析的，是能够被广泛接受的，是更适合于微积分的。这样关于 x 的任何一个函数表示一条曲线，不管这条曲线是直的还是弯的，反之，每条曲线也都决定一个函数。所以曲线的本质就是可以用关于 x 的一些函数来表示它。(Euler，1990)[5]

从这个观点出发，曲线可分为连续曲线与非连续曲线或混合曲线。一条连续曲线的本质就是能够用单一的关于 x 的函数来表示。但是，如果一条曲线的不同部分 BM,MD 等由关于 x 的不同函数来表示，即当 BM 部分由一个函数来确定，而另一部分 MD 由另一个函数来确定的话，我们把这种类型的曲线称作不连续或混合的无规则曲线，因为它们不是按照固定的规则构成的，它们是由不同的连续曲线构成的。

欧拉对曲线的分类在很长时间内成为经典，在 19 世纪初的时候这种分类仍然盛行。弦振动的争论为讨论曲线、函数概念以及分析学所承认的函数提供了舞台，当然分析学所承认的函数依赖于振动方程解的一般性。布克哈特(C. Burkhardt, 1817—1880)评论道：

“达朗贝尔和欧拉运用了同样的词“函数”，但是它们的含义是不同的。”(Struik, 1969)[351-368]

在达朗贝尔看来，当 y 是一个“连续”函数（即由关于 x 和 t 的唯一的“方程”解析地表示）时，它的解才是有效的。

欧拉在该问题的物理本质的启发下，他的认识超越了达朗贝尔的观点。他认为假定初始弦为任意形状是完全合理的，欧拉对该问题的论述如下：

起初的振动依赖于我们的心情，在释放弦之前，我们可以假设弦为任意形状。由于弦在开始运动时具有不同的形状，同一条弦的运动会千变万化。甚至多边形也可以作为初始形状，这个多边形可能是由“非连续”曲线构成的。因此，曲线的不同部分并不是通过连续性法则连接起来。正是出于这个原因，用方程表示这条曲线的所有部分是不可能的。(Euler, 1960) [250]

欧拉在弦振动的争论中一再宣称带有棱角的解也是可以接受的，因此，即使在函数 $f(x+t\sqrt{b})$ 和 $f(x-t\sqrt{b})$ 是“不连续”（用现在的眼光来看，它们的导数一般来说也是不连续的）的情形下式(4.14)表示了全解。这个观点受到了达朗贝尔的反对，达朗贝尔所要求的解一定是由一个二阶可微函数给出的。

欧拉企图通过与定积分的类比证明他的观点。正如特鲁斯德尔所言，“一旦他得到了(4.14)，他就完全抛弃了微分方程。也就是说，如果撇开初始条件与边界条件的话，欧拉把函数方程(4.14)而不是微分方程(4.19)作为对平面上波传播的物理原理的彻底的数学描述”。(Bottazzini, 1986) [26]

达朗贝尔和欧拉关于方程解的本质的分歧源于他们两人用不同的方式对方程进行积分。今天，我们称达朗贝尔获得解的方法为“经典方法”，欧拉似乎行进在考虑“弱解”或“一般解”的道路上。

欧拉处理弦振动问题的方法对分析学的发展产生了重要的影响。事实上，满足函数方程(4.14)的函数可以仅仅是分段光滑的，“很明显，欧拉给出的讨论以及很多例子表明，欧拉所指的函数就是我们现在所说的具有分段连续斜率以及曲率的连续函数”。(Truesdell, 1960) [247]

有了自己研究的启发，欧拉在 1763 年 12 月 20 日给达朗贝尔写信说，“考虑不服从任何连续性法则的这些函数为我们打开了一个全新的分析学领域，我们在声音的传播中已经看到了这种全新分析学的一个非同寻常的例子”。(Bottazzini, 1986) [27]

达朗贝尔和欧拉的分歧也反映了他们对物理法则哲学层面认知上的不同。实际上，按照莱布尼茨(Leibniz, 1646—1716)的观点，连续性法则支配自然现象，连续性法则在数学上就由“连续”函数（用现代术语来讲就是解析函数）来表达。这些函数具有的性质是，通过任意小区间上的值可以完全确定整个区间上的函数值。

但是欧拉对(4.14)的解释表明不服从连续性法则的函数可以是微分方程的解，而这样的函数可能是非解析的。斯派泽(Speiser, 1885—1970)首先指出，欧拉的一个重要发现动摇了莱布尼茨物理系统建立的基础。与斯派泽观点一致的特鲁斯德尔写道，“欧拉对莱布尼茨法则的反对是整个这个世纪科学方法论的最大进展”。(Truesdell, 1960)[248]

达朗贝尔与欧拉对弦振动问题的研究迫使数学家们去重新面对许多分析学的概念，诸如函数的概念、连续的概念、非连续的概念等。

4.4 丹尼尔 · 伯努利对弦振动问题的研究

泰勒和约翰 · 伯努利都忽视了弦振动的较高模式，达朗贝尔和欧拉建立并求解了弦振动的偏微分方程，他们两人主要是从数学的角度考虑弦振动问题的。达朗贝尔也没有提及较高模式的问题，而欧拉在《论弦的振动》一文中指出：振动弦的一切可能的运动，无论弦的形状怎样，关于时间都是周期的，也就是说，该周期(通常)是我们现在所谓的基本周期。他也认识到周期为基本周期的一半、三分之一等的单个模式能够作为振动的图像出现，他给出的特解为 $y(t,x)=\sum A_n \sin\frac{n\pi x}{l}\cos\frac{n\pi ct}{l}$。(克莱因 M，1979)[213-214] 我们发现他有了较高模式以及模式叠加的思想。在同一时期，丹尼尔 · 伯努利对较高模式进行了更加清晰与明确的论述。

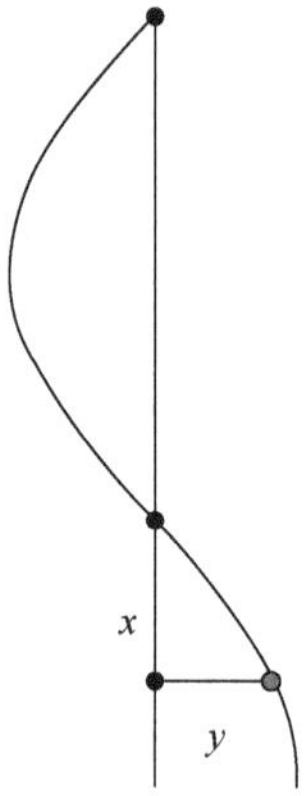

图 4.6

丹尼尔 · 伯努利是约翰 · 伯努利的儿子，在圣彼得堡生活了好多年后于 1733 年返回巴塞尔，在那里成为大学教授。他对应用数学有着极大的兴趣，是流体力学与气体动力理论的创始人。丹尼尔 · 伯努利在 1733 年离开圣彼得堡之前，完成了论文《关于用柔软细绳联结起来的一些物体以及垂直悬挂的链线的振动定理》。在这篇论文中他研究了没有重量但带着等间隔的重荷的上端固定的悬链线。当链线振动时，他发现：质点系相对于通过悬挂点的垂线作不同模式的(小)振动，这些模式中的每一个都有各自的特征频率。对于长度为 l 的均匀的振动悬链线，他给出了从最低点算起相距 x 处的位移 y (图 4.6)满足的方程

$$\alpha\frac{\mathrm{d}}{\mathrm{d}x}\left(x\frac{\mathrm{d}y}{\mathrm{d}x}\right)+y=0\ , \tag{4.20}$$

它的解是一个无穷级数，用现代的记号可表示成

$$y=A\mathrm{J}_0\left(2\sqrt{\frac{x}{\alpha}}\right), \tag{4.21}$$

其中 J_0 是零阶贝塞尔(Bessel)函数(第一类)①，而且 α 满足

$$J_0\left(2\sqrt{\frac{l}{\alpha}}\right)=0 , \tag{4.22}$$

这里 l 是悬链线的长度。他断定式(4.22)有无穷多个根，而且这些根变得越来越小，最后趋向于0。他得到了这种 α 的最大值。对于每一个 α，就有一个振动的模式和一个特征频率。因此，这个链线可以表现出有频率 $\nu=\frac{1}{2\pi}\sqrt{\frac{g}{\alpha}}$ 的无穷个简谐振动。丹尼尔·伯努利当时说，“从这个理论推导出符合泰勒和我父亲建立的音乐理论将是不困难的……实验表明：在音乐弦中存在着类似于振动链的交点(节点)”。(克莱因 M，1979)[213] 接着他解决了连续的悬链线的振动问题，对这种情形他给出的级数解是 $y=2A\left(\frac{2x}{\alpha}\right)^{-\frac{1}{2}}J_1\left(2\sqrt{\frac{2x}{\alpha}}\right)$，式中 α 满足 $J_1\left(2\sqrt{\frac{2L}{\alpha}}\right)=0$，$J_1$ 是第一类一阶贝塞尔函数(吴文俊，2003a)[654]。在这种情形下，随着与垂直轴交点数量的增加，有无穷多的简单模式，它们具有不可公度的频率。最后，丹尼尔·伯努利认为无穷长悬链线的情形适合于音乐弦，他明确指出振动的弦有较高的振动模式。再后来，在一篇关于有载荷的垂直柔软弦上重物的合成振荡的论文中，他作了如下的说明：

类似地，绷紧的乐器弦能够以很多方式，甚至按理论上讲能以无穷多种方式发生等时振动……此外，在每一种模式中，它发出较高的或较低的音调。当弦振动产生一个单拱的时候发生了第一个也是最自然的模式，于是，弦产生最慢的振动，发出它的所有可能音调中的最低音，对于其他一切音来说这是基音。下一个模式要求弦产生两个拱，位于(弦的静止位置的)两边，于是振动加快一倍，这时弦发出基音的高八度音。(克莱因 M，1979)[246]

然后他描述了更高的模式。但是他没有给出数学的说明。在一篇关于杆的振动以及振动杆发出的声音的论文中，丹尼尔·伯努利不仅给出杆振动的各个模式，而且还明确地说明两类声音(基音和泛音)能够同时存在。总之，在声学发展的那段历史时期，丹尼尔·伯努利有了观念——物体依照简谐振动的离散模式或这样一些模式的叠加来振动。这些泛音的频率常常是不可公度的。但在振动弦的特殊情形下，它们都是同一基音频率的整数倍。至于丹尼尔·伯努利是否已经相信大多数一般振动是离散模式的叠加，我们还不清楚，因为在当时没有人可以解决振动系统的初始条件问题。

---

① $J_n(x)=\left(\frac{x}{2}\right)^n\sum_{k=0}^{\infty}\frac{(-1)^k(x/2)^{2k}}{k!(k+n)!}$（$n$ 是正整数或 0）。

1753 年，丹尼尔 · 伯努利在论文(Bernoulli D, 1755)中对弦振动问题展开了进一步的论述。在这篇论文中，丹尼尔 · 伯努利总结了达朗贝尔、欧拉在弦振动方面的贡献，同时指出了他们的不足。在他看来，早些年他已经提出了真正的物理解，而达朗贝尔、欧拉所做的“矫揉造作”的计算只能使这个主题变得晦涩难懂，他叙述道:

我马上意识到承认这种曲线的多样性从某种程度上来说是不合适的。我不是不钦佩达朗贝尔和欧拉先生的计算，他们的计算包含了最深刻与最先进的分析学，如果不注意对提出问题的综合考虑，那么一个抽象的分析学可能仅仅带给人惊讶而不是启发。似乎对我来说，注意弦振动的本质就可以在不用计算的情形下预测几何学家经过困难而抽象的计算才能得到的发现。(Darrigol，2007)

丹尼尔 · 伯努利认为任何一个发声物体都以确定频率通过一系列简单模式振动。在弦振动的特殊情形，各种振动模式通过泰勒模式的组合得到，它们的频率是基本频率的倍数。这些模式可以通过叠加产生更加复杂的振动。达朗贝尔和欧拉的新解只不过是简单模式的组合。他并没有给出直接的数学证明。但他不是非常严格地论述了通过叠加可以产生达朗贝尔和欧拉的解。

“给所有的泰勒曲线一个方程，以下的 4 个图形(图 4.7—图 4.10)就是泰勒曲线的例子。我将运用欧拉的符号。设弦 AB 的长度为 a ，π 表示在单位半径下圆的半周长，在第一个图像中振幅用 α 表示，第二个、第三个、第四个图像的振幅分别用 β,γ,δ 表示，最后 x 表示任意的横坐标，y 表示横坐标所对应的纵坐标；根据泰勒的研究成果将有以下方程：

对于第一个图像(图 4.7)，其方程为 $y=\alpha\sin\dfrac{\pi x}{a}$ ；

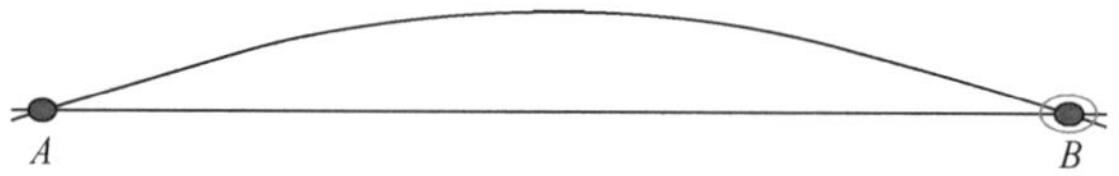

图 4.7

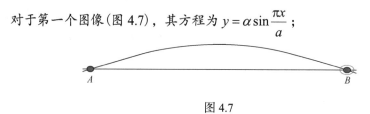

对于第二个图像(图 4.8)，其方程为 $y=\beta\sin\dfrac{2\pi x}{a}$ ；

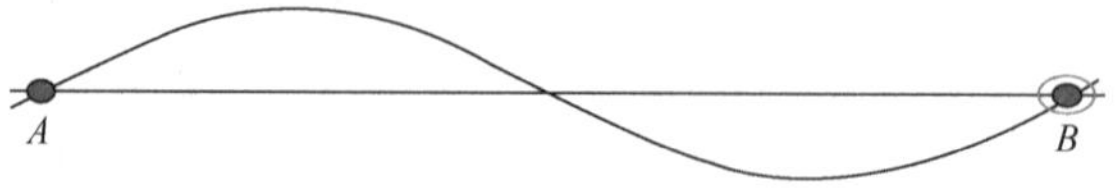

图 4.8

对于第三个图像(图 4.9)，其方程为 $y=\gamma\sin\dfrac{3\pi x}{a}$ ；

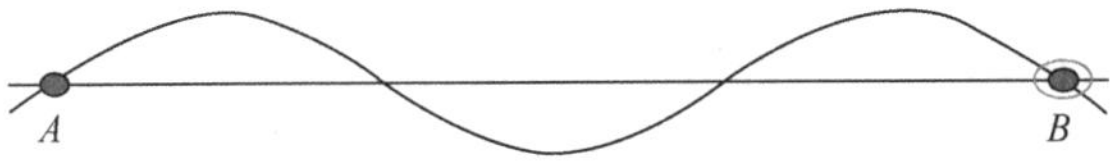

图 4.9

对于第四个图像(图 4.10)，其方程为 $y=\delta\sin\frac{4\pi x}{a}$。

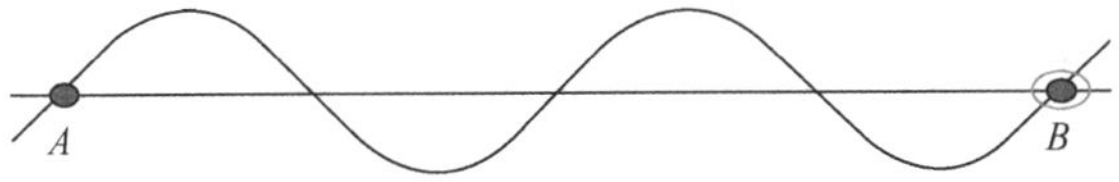

图 4.10

那么包含这些曲线的一般情形下的振动方程为

$$y=\alpha\sin\frac{\pi x}{a}+\beta\sin\frac{2\pi x}{a}+\gamma\sin\frac{3\pi x}{a}+\delta\sin\frac{4\pi x}{a}+\cdots, \tag{4.23}$$

这里 $\alpha,\beta,\gamma,\delta,\cdots$ 是可正可负的量。

因此，在这里我们没有经过计算就发现了无穷条曲线，我们的方程同欧拉先生的一样”。(Struik, 1969)[363-364]

丹尼尔 · 伯努利所说的欧拉的方程是指欧拉 1749 年论文中的方程，但类似于(4.23)的方程在欧拉看来仅仅是连续的像鳗曲线的特殊情形。丹尼尔 · 伯努利说：

他没有把这样一个无穷的组合看成是一般情况，他在第 30 节中仅仅以特殊情况呈现了它，但是它肯定是一般情况，虽然我不是十分清楚这一点，如果还有其他的曲线的话，那么我不会明白它们是在什么意义下被承认的。(Struik, 1969)[363-364]

在 1753 年的论文中，丹尼尔 · 伯努利阐明了可以独立地听到部分振动产生的声音的观点，即“任何音乐人都赞成”长的音乐弦发出的声音对应于第一模式的振动。就像我们在管弦乐队中听到的，不同的声音能够穿越相同的空间，但仍然能够区分它们。丹尼尔 · 伯努利相信简单模式的叠加有一个可考察的精细的结构，这样就可以分析复杂的声音。对一个基音与一千个泛音叠加的极端情形，他描述了合成的波形以及产生这种波形的一千个振动。他还认为由于较高模式的快速衰减，在实际实验中仅仅能够观察到泰勒的基本模式。最后丹尼尔 · 伯努利强调达朗贝尔和欧拉的具有任意曲率的周期解仅仅在简单模式的频率可以公度的情况下存在。当然他知道这一条件不适合于粗细不均匀的弦。形成一般解的唯一方式就是简单模式的叠加。

如果概括一下的话，丹尼尔 · 伯努利相信简单模式叠加的一般性与优越性，部分原因在于下述观点的普遍传播，即纯的泛音的等时振动要比其他泛音的简单，纯的泛音能够独立产生，并且具有独特唯一的物理性质。它们也包含了四个没有证明的假设：连续系统与离散系统的振动有同样的结构；从感觉上把一种现象分解为独立的部分揭示了这种现象的本质结构；可公度的简单模式与不可公度的简单模式处于同等地位；甚至在无穷多个模式叠加的情况下，简单模式的叠加仍保留单个模式的一些结构特性。对于欧拉与他不一致的论述，即正弦曲线的叠加不是弦的最一般的可能曲线，丹尼尔·伯努利承认“在这一点上他也没有给我多少启发，因为他没有给出与我不同观点的数学证明”。

丹尼尔·伯努利并没有把自己局限于弦振动问题，他普遍地考虑了在平衡位置附近运动的任何机械系统：

我会把刚刚谈论的关于依附于一个拉紧弦的物体的振动本质推广到自然界中所有的微小运动中，如果这些运动由永恒的原因所建立。对于每一个物体，偏离它静止的位置将会有回到原来位置的倾向，回复力正比于偏离静止位置的微小距离：那么如果我们设想由许多物体组成的一个任意系统，每一个物体都能够产生简单的规则振动，在给定的系统中这些简单的振动能够同时存在。(Darrigol，2007)

丹尼尔·伯努利把泛音的叠加作为自然界的一个基本定律：

自然界的活动似乎常常遵循细微的、等时的(如泛音)以及无限多样的振动原理，利用这些原理理解了大量的现象。

在一封信中，他写下了类似的话：

我欣赏……隐藏的物理价值是：似乎不遵循什么法则的自然界运动可归结为简单的等时运动，自然界的大多数行为都用到了等时运动。我甚至确信天体运动的多样性源于两个、三个或更多个简单的相互运动。(Darrigol，2007)

丹尼尔·伯努利在这个宇宙图景中向包括光在内的问题发起了挑战：

一团发光物质是由无穷小部分或小球组成的系统，每个小球同时服从无限多的简单等时振动，这些振动从来不会融合在一起，也不会互相干扰。因此可以设想同一束光最初就包括所有的颜色；光的不同的颜色仅仅是视觉器官的不同感觉而已，它是由天上或空气中小球的不同的简单振动引起的。可以肯定，同一团空气在同一时间可以形成大量振动，这些振动彼此不同，每一个振动在听觉方面都可以独立地产生一个声音。我认为这种观点非常适合于解释牛顿在原色中涉及的光的不同折射、不同品质以及所有的其他现象。但是这是非常丰富的一个领域，以至于只有在另外一个理论体系才能解决它。(Darrigol，2007)

4.5 拉格朗日对弦振动问题的研究

在欧拉与丹尼尔·伯努利关于简单模式叠加原理的争论中，丹尼尔·伯努利认为，由于三角级数中具有无穷多个可调整的系数，“可以使最后的曲线通过如我们期望的那样多的点，这样就可以使这条曲线与我们期望的曲线一致”。但丹尼尔 · 伯努利并没有研究如何通过已知点确定三角级数系数的问题。这一问题引起了拉格朗日的注意，他考虑了曲线通过有限个点的情况下确定表示该曲线的三角级数系数的问题。

具体来讲，拉格朗日考虑的问题是：曲线 $y=\sum_{k=1}^{n-1}c_k\sin\frac{k\pi x}{l}$ 通过了 $n-1$ 个点 $(x_v,F_v)(v=1,2,\cdots,n-1)$，需确定系数 c_k。

由条件可知

$$\sum_{k=1}^{n-1}c_k\sin\frac{k\pi x_v}{l}=F_v\ (v=1,2,\cdots,n-1)。\tag{4.24}$$

为了使问题简化，他以如下方式定义了 x_v：

$$x_v=\frac{vl}{n}\ (v=1,2,\cdots,n-1)。\tag{4.25}$$

在方程(4.24)的两边分别乘以尚未确定的系数 $D_{j,v}$，接着把它们相加就得到了

$$\sum_{v=1}^{n-1}\sum_{k=1}^{n-1}D_{j,v}c_k\sin\frac{k\pi x_v}{l}=\sum_{v=1}^{n-1}D_{j,v}F_v。$$

由于 $kx_v=vx_k$，上式可写为

$$\sum_{k=1}^{n-1}\varPhi_j(x_k)c_k=\sum_{v=1}^{n-1}D_{j,v}F_v,\tag{4.26}$$

其中

$$\varPhi_j(x)=\sum_{v=1}^{n-1}D_{j,v}\sin\frac{v\pi x}{l}。\tag{4.27}$$

由于

$$\sin\frac{v\pi x}{l}=\sin\frac{\pi x}{l}P_{v-1}\left(\cos\frac{\pi x}{l}\right),\tag{4.28}$$

其中 $P_{v-1}\left(\cos\frac{\pi x}{l}\right)$ 是关于 $\cos\frac{\pi x}{l}$ 的 $v-1$ 次多项式，故

$$\varPhi_j(x)=\sin\frac{\pi x}{l}P_{n-2}\left(\cos\frac{\pi x}{l}\right),\tag{4.29}$$

其中 $P_{n-2}\left(\cos\frac{\pi x}{l}\right)$ 是关于 $\cos\frac{\pi x}{l}$ 的 $n-2$ 次多项式。

选择适当的 $D_{j,v}$ 使得

$$\Phi_j(x_k)=0\ (k\neq j)。\tag{4.30}$$

式(4.29)可化为

$$\Phi_j(x)=\alpha\sin\frac{\pi x}{l}\prod_{v=1,v\neq j}^{n-1}\left(\cos\frac{\pi x}{l}-\cos\frac{\pi x_v}{l}\right)。\tag{4.31}$$

由于 $\sin\dfrac{n\pi x}{l}$ 的值在每一个 x_v 处为0，故由式(4.28)可知

$$\sin\frac{n\pi x}{l}=\beta\sin\frac{\pi x}{l}\prod_{v=1}^{n-1}\left(\cos\frac{\pi x}{l}-\cos\frac{\pi x_v}{l}\right),$$

由上式结合式(4.31)可得

$$\left(\cos\frac{\pi x}{l}-\cos\frac{\pi x_j}{l}\right)\Phi_j(x)=\frac{\alpha}{\beta}\sin\frac{n\pi x}{l},\tag{4.32}$$

把式(4.27)代入式(4.32)可得

$$\sum_{v=1}^{n-1}D_{j,v}\sin\frac{v\pi x}{l}\left(\cos\frac{\pi x}{l}-\cos\frac{\pi x_j}{l}\right)-\frac{\alpha}{\beta}\sin\frac{n\pi x}{l}=0。\tag{4.33}$$

运用关系式

$$\sin\frac{v\pi x}{l}\cos\frac{\pi x}{l}=\frac{1}{2}\sin\frac{(v+1)\pi x}{l}+\frac{1}{2}\sin\frac{(v-1)\pi x}{l},\tag{4.34}$$

式(4.33)可化为

$$\sum_{k=1}^{n-1}[D_{j,k+1}+q_jD_{j,k}+D_{j,k-1}]\sin\frac{k\pi x}{l}+\left[D_{j,n-1}-\frac{2\alpha}{\beta}\right]\sin\frac{n\pi x}{l}=0,\tag{4.35}$$

其中

$$q_j=-2\cos\frac{\pi x_j}{l},\tag{4.36}$$

且 $D_{j,0}=D_{j,n}=0$。当 $D_{j,k}$ 满足

$$\begin{aligned}&D_{j,0}=0,\\&D_{j,k+1}+q_jD_{j,k}+D_{j,k-1}=0\quad(k=1,2,\cdots,n-1),\\&D_{j,n}=0,\end{aligned}\tag{4.37}$$

且 $D_{j,n-1}=\dfrac{2\alpha}{\beta}$ 时，式(4.35)恒成立，其中 α,β 为不确定的常数。

设

$$D_{j,k}=\varsigma_j^{\ k}-\tau_j^{\ k}\,, \tag{4.38}$$

把式(4.38)代入式(4.37)得

$$\varsigma_j^{\ k-1}\left[\varsigma_j^{\ 2}+q_j\varsigma_j+1\right]-\tau^{k-1}\left[\tau_j^{\ 2}+q_j\tau_j+1\right]=0\quad (k=1,2,\cdots,n-1)\,。\tag{4.39}$$

上式恒成立的条件是 $x_j^{\ 2}+q_jx_j+1=0$，即

$$\varsigma_j+\tau_j=-q_j,\quad \varsigma_j\tau_j=1\,, \tag{4.40}$$

则有 $\varsigma_j^{\ n}-\varsigma_j^{\ -n}=0$，即 $\varsigma_j=\mathrm{e}^{j\pi i/n}$，$\tau_j=\mathrm{e}^{-j\pi i/n}$，

$$q_j=-(\mathrm{e}^{j\pi i/n}+\mathrm{e}^{-j\pi i/n})=-2\cos\frac{j\pi}{n}\,。\tag{4.41}$$

那么

$$D_{j,k}=(\mathrm{e}^{jk\pi i/n}-\mathrm{e}^{-jk\pi i/n})=2i\sin\frac{jk\pi}{n}\,。\tag{4.42}$$

由于方程(4.37)是齐次的，故该方程的解可写为

$$D_{j,k}=A_j\sin\frac{jk\pi}{n}\,, \tag{4.43}$$

其中 A_j 为任意常数，结合式(4.25)，则

$$D_{j,n-1}=(-1)^{j+1}A_j\sin\frac{\pi x_j}{l}\,。\tag{4.44}$$

结合 $D_{j,n-1}=\dfrac{2\alpha}{\beta}$ 就有

$$A_j=(-1)^{j+1}\frac{2\alpha}{\beta\sin\dfrac{\pi x_j}{l}}\,。\tag{4.45}$$

把式(4.45)代入式(4.43)，再结合式(4.25)得

$$D_{j,k}=(-1)^{j+1}\frac{2\alpha\sin\dfrac{k\pi x_j}{l}}{\beta\sin\dfrac{\pi x_j}{l}}\,。\tag{4.46}$$

由式(4.26)和(4.30)可知

$$\varPhi_j(x_j)c_j=\sum_{\nu=1}^{n-1}D_{j,\nu}F_\nu\,。\tag{4.47}$$

为了确定 $\Phi_j(x_j)$ 的值，对方程(4.32)运用洛必达法则得到

$$\Phi_j(x_j)=(-1)^{j+1}\frac{n\alpha}{\beta\sin\frac{\pi x_j}{l}}。$$

上式结合式(4.46)，式(4.47)可得

$$c_j=\frac{2}{n}\sum_{\nu=1}^{n-1}F_\nu\sin\frac{\nu\pi x_j}{l}。\tag{4.48}$$

至此，拉格朗日成功解决了离散情形下确定三角级数系数的问题。以此为基础，他展开了对弦振动问题的研究。

设长度为 l 的负载弦所受到的张力为 T，其上有 n 个等间距排列的质点，它们分别位于

$$x_k=\frac{kl}{n},\quad k=1,2,\cdots,n-1\tag{4.49}$$

处，那么弦振动的方程就是

$$\frac{\mathrm{d}^2y_k}{\mathrm{d}t^2}=\left(\frac{na}{l}\right)^2(y_{k+1}-2y_k+y_{k-1}),\quad k=1,2,\cdots,n-1。\tag{4.50}$$

设初始条件为

$$\begin{aligned}&y_k(0)=f_k,\\&\left.\frac{\mathrm{d}y_k(t)}{\mathrm{d}t}\right|_{t=0}=0,\ k=1,2,\cdots,n-1,\end{aligned}\tag{4.51}$$

在方程(4.50)两边都乘以 M_k（不确定的系数）并相加可得

$$\sum_{k=1}^{n-1}M_k\frac{\mathrm{d}^2y_k}{\mathrm{d}t^2}=\left(\frac{na}{l}\right)^2\sum_{k=1}^{n-1}M_k(y_{k+1}-2y_k+y_{k-1})。$$

上式可化为

$$\frac{\mathrm{d}^2}{\mathrm{d}t^2}\sum_{k=1}^{n-1}M_ky_k=\left(\frac{na}{l}\right)^2\sum_{k=1}^{n-1}(M_{k+1}-2M_k+M_{k-1})y_k,\tag{4.52}$$

其中 $M_0=M_n=0$。适当地选择 M_k，使 M_k 满足以下关系式：

$$\begin{aligned}&M_0=0,\\&M_{k+1}-2M_k+M_{k-1}=\gamma M_k,\quad k=1,2,\cdots,n-1,\\&M_n=0,\end{aligned}\tag{4.53}$$

其中 γ 为比例常数。

根据式(4.41)有

$$\gamma_v = -4\sin^2\frac{v\pi}{2n}。\tag{4.54}$$

根据式(4.42)有

$$M_{v,k} = A_v\sin\frac{kv\pi}{n}, \qquad k = 0,1,2,\cdots,n,\tag{4.55}$$

其中 A_v 为任意常数。

令

$$\sigma_v(t) = \sum_{k=1}^{n-1} M_{v,k} y_k(t),\tag{4.56}$$

那么微分方程(4.52)以及初始条件(4.51)可写为如下形式:

$$\frac{\mathrm{d}^2\sigma_v}{\mathrm{d}t^2} = \gamma_v\left(\frac{na}{l}\right)^2\sigma_v, \quad \sigma_v(0) = \sum_{k=1}^{n-1} M_{v,k} f_k, \quad \frac{\mathrm{d}\sigma_v}{\mathrm{d}t}\bigg|_{t=0} = 0。$$

容易求得上述微分方程的解为

$$\sigma_v(t) = \left(\sum_{k=1}^{n-1} f_k M_{v,k}\right)\cos\left(\sqrt{-\gamma_v}\,\frac{nat}{l}\right)。$$

根据式(4.49)、式(4.54)、式(4.55)、式(4.56),上式可写为

$$\sum_{k=1}^{n-1} y_k(t)\sin\frac{k\pi x_v}{l} = \sum_{k=1}^{n-1} f_k\sin\frac{v\pi x_k}{l}\cos\left(\frac{2nat}{l}\sin\frac{v\pi}{2n}\right)。\tag{4.57}$$

根据式(4.24)与式(4.48)有

$$y_j(t) = \frac{2}{n}\sum_{v=1}^{n-1}\sum_{k=1}^{n-1} f_k\sin\frac{v\pi x_k}{l}\sin\frac{v\pi x_j}{l}\cos\left(\frac{2nat}{l}\sin\frac{v\pi}{2n}\right), \quad j = 1,2,\cdots,n-1。\tag{4.58}$$

拉格朗日在此基础上研究了连续弦的振动问题。他通过取极限得到了以下关系式:

$$y(t,x) = \frac{2}{l}\int_0^l\left(\sum_{v=1}^{\infty}\sin\frac{v\pi s}{l}\sin\frac{v\pi x}{l}\cos\frac{v\pi at}{l}\right)f(s)\mathrm{d}s。\tag{4.59}$$

事实上,在式(4.58)中用 x, $y(t,x)$ 分别替换 x_j 和 $y_j(t)$,用 $s_k, f(s_k)$ 分别替换 x_k 和 f_k, Δs 替换 l/n 得

$$y(t,x)=\frac{2}{l}\sum_{v=1}^{n-1}\left(\sum_{k=1}^{n-1}f(s_k)\sin\frac{v\pi s_k}{l}\Delta s\right)\sin\frac{v\pi x}{l}\cos\left[\frac{v\pi at}{l}\frac{\sin\left(\frac{v\pi}{2n}\right)}{\left(\frac{v\pi}{2n}\right)}\right]。$$

而

$$\lim_{n\to\infty}\frac{\sin\left(\frac{v\pi}{2n}\right)}{\left(\frac{v\pi}{2n}\right)}=1\text{，}\quad \lim_{n\to\infty}\sum_{k=1}^{n-1}f(s_k)\sin\frac{v\pi s_k}{l}\Delta s=\int_0^l f(s)\sin\frac{v\pi s}{l}\mathrm{d}s\text{。}$$

这些关系式表明式(4.58)的极限是

$$y(t,x)=\sum_{v=1}^{\infty}\left(\frac{2}{l}\int_0^l f(s)\sin\frac{v\pi s}{l}\mathrm{d}s\right)\sin\frac{v\pi x}{l}\cos\frac{v\pi at}{l}\text{。}\tag{4.60}$$

我们很容易发现，这就是丹尼尔·伯努利所期望的结果。在式(4.60)中令$t=0$可得到

$$f(x)=\sum_{v=1}^{\infty}\left(\frac{2}{l}\int_0^l f(s)\sin\frac{v\pi s}{l}\mathrm{d}s\right)\sin\frac{v\pi x}{l}\text{。}\tag{4.61}$$

这意味着“任意”一个函数可以用正弦级数表示。(Rudolph, 1947)

4.6 欧拉、达朗贝尔、拉格朗日对简单模式叠加观念的评论

4.6.1 欧拉对简单模式叠加观念的评论

欧拉对丹尼尔·伯努利的论文很快做出了反应，他赞扬丹尼尔·伯努利很好地发展了弦振动问题的“物理部分”，但是否定了简单模式叠加解的一般性与优越性。而丹尼尔·伯努利认为，由于在级数中具有无穷多个可调整的系数，“可以使最后的曲线与我们期望的曲线一致”。

欧拉自己也承认，“如果伯努利先生的思考提供了弦振动的所有可能曲线的话，这种方法将比我们的方法可取得多，而我们得到的解的方法是一个复杂的迂回的方法。”(Euler, 1960)[234-235] 欧拉继续争辩道，正弦曲线的叠加不可能产生最为一般的弦的形状。丹尼尔·伯努利的方程包含的所有曲线，即使项数增加到无限，它们也具有与所有其他曲线不同的特性。因为如果我们给横坐标x一个负值，纵坐标也变成负值，而其大小等于相应的正的横坐标x对应的纵坐标；相似地，横坐标$l+x$对应的纵坐标是负的，其大小等于横坐标x对应的纵坐标。因此，如果初始弦的曲线没有这些性质的话，那么可以肯定的是在方程中也不包含这些性

质。没有代数曲线具有这些性质，因此这些曲线肯定要从这个方程中排除；毫无疑问，无穷多条超越曲线也必须被排除。

欧拉认为丹尼尔 · 伯努利的方程产生了周期的奇函数，欧拉显然是正确的。使现代读者惊讶的是，他坚信正弦函数的和与初始弦曲线的一致性，初始弦曲线仅仅定义在区间 $0 \leqslant x \leqslant l$ 上，但他认为初始曲线享有与正弦函数的和同样的性质。原因是，在欧拉看来正弦函数的和必须是解析的，因此，也意味着，在区间 $0 \leqslant x \leqslant l$ 上与正弦函数一致的另一个解析函数在整个区间上与前者是完全相同的。他虽比较含蓄，却很确定地把这个序列的一般项的解析性质添加到函数列的极限上。

4.6.2　达朗贝尔对简单模式叠加观念的评论

1757 年，达朗贝尔为百科全书写的文章《根音》中可以看到他对丹尼尔 · 伯努利观点的反应。他知道关于听到泛音与发出泛音的事实，并简短地解释了拉莫是如何把和声理论建立在这些事实的基础之上的。他反对丹尼尔 · 伯努利以这些事实为依据证实弦振动简单模式叠加合理性的做法。他认为，基音与一个较高模式的数学叠加不能被认为就是物理的叠加，因为如果较高模式单独存在的话，那么与较高模式相关联的波节不是静止的。

达朗贝尔在 1761 年发表的《数学手册》(*Opuscules mathématiques*) 的第一卷中，他赞扬了欧拉对丹尼尔 · 伯努利的批评，并且补充说正弦曲线的和必然是连续曲线，因此，正弦曲线的和不能产生最一般的曲线。实际上，达朗贝尔与欧拉都确信，一个函数列的极限与这个序列中的一般项具有相同的连续性与解析性。达朗贝尔知道，依据这个观点，仅仅能够说明丹尼尔 · 伯努利的解没有欧拉的解更具有一般性，但并不能说明他自己的解——解析的、周期的奇函数——不能由正弦曲线的和来表示。而他确信他自己提出的初始曲线一般不能由正弦的和来表示。①至多他情愿承认三角级数是一个"近似解"，而不是"几何的、精确的、严格的解"。在以后的几年中，他把 $\sin^{\frac{5}{3}}(\pi x/l)$ 看成是振动弦初始曲线的可能方程，并作为一个非丹尼尔 · 伯努利解进行炫耀。因为他相信每一个正弦函数都有级数展开式，而 $\sin^{\frac{5}{3}}(\pi x/l)$ 在 $x=0$ 附近没有级数展开式。达朗贝尔把丹尼尔 · 伯努利的错误归结为两个错误的观念。首先，他责备丹尼尔 · 伯努利"从有限情形过渡到无限情形过于轻率"，离散情形下丹尼尔 · 伯努利解的一般性并不意味着它在连续情形下的一般性。其次，达朗贝尔反对丹尼尔 · 伯努利对真实的部分振动组合的物理解释。他曾写道："泰勒的多种振动仅仅存在于观念中，它们并不比存在于静止的弦中更加真实。"(D'Alembert, 1761)[58-61]

---

① 欧拉与拉格朗日都证明了任何一个解析的周期函数都可以用一个三角级数和来表示。

4.6.3 拉格朗日对简单模式叠加观念的评论

拉格朗日在从式(4.58)向式(4.59)过渡时，他假设

$$\omega_v = \frac{2na}{l}\sin\frac{v\pi}{2n} \to \omega_v = \frac{v\pi a}{l}, \tag{4.62}$$

那么解的极限将是式(4.60)，拉格朗日宁愿写为式(4.59)。

从式(4.59)拉格朗日发现弦的运动是简单模式的无穷和。当$t=0$时，它就退化为傅里叶给出的把一个函数(定义在区间$[0,l]$上，在这个区间外没有定义)展开为正弦级数的著名公式。和早期评论者的观点不同，达里戈尔认为拉格朗日已经掌握了对连续体振动的简单模式分析以及对一大类函数的三角级数分解(此类函数虽然还没有明确的定义，但它们就是非解析函数和具有非连续导数的函数)。

可能有人认为拉格朗日得到的方程(4.58)并没有证实他接受了丹尼尔·伯努利的简单模式叠加观念。拉格朗日确实并没有停下来思考这一步，也没有预见到后来由傅里叶的工作引发的新分析的可能性。

拉格朗日对方程(4.59)的推导有一个实质性的错误：用积分代替了离散和。这种错误在于把一个函数的n个值的和用相应的积分去代替。由于简单模式与X变量的离散值一样多，净误差肯定是有限的。当然如果给函数附加合适的条件(如狄利克雷条件)，那么净误差就会消失。拉格朗日没有如此考虑的迹象，即使按照当时的标准，方程(4.59)也缺少一个严格的证明。

拉格朗日在关于声音的第一篇论文中写道：

大几何学家欧拉依据直接而又清晰的原理(这些原理并没有建立在达朗贝尔所要求的连续性(即解析)法则的基础之上)建立了他的理论；然而，当振动物体的个数有限的时候，丹尼尔·伯努利用相同的公式支持和证明他的简谐运动组合的理论；那么当振动物体的个数无限的时候，这个公式又向我们展现了这个理论的不足。实际上，这个公式从一种情形向另一种情形过渡时，能够构成整个系统运动的简单运动在许多部分相互干扰，这样就使简单运动变形以至于完全不可辨认。如此巧妙的一个理论竟然在原理方面出现了错误，这确实令人烦恼，自然界的所有微小振动都是相关的。(Darrigol, 2007)

拉格朗日认为丹尼尔·伯努利的组合只适合于离散的情形，他认为自己是第一个严格证明了连续情形下丹尼尔·伯努利直觉错误的几何学家。他在写给欧拉的一封信中自豪地宣布“丹尼尔·伯努利理论完全倒下了”，人们通常错误地认为这是对三角级数的断然拒绝。仔细阅读以上的引用就会发现，拉格朗日认为表达式

$$y(x) = \frac{2}{l}\int_0^l \mathrm{d}XY(X)\sum_{r=1}^{\infty}\sin\frac{r\pi X}{l}\sin\frac{r\pi x}{l}\cos\frac{r\pi ct}{l}$$

对弦运动简单模式的分析非常有效，甚至以它为依据来揭示丹尼尔·伯努利对这种分析进行了虚假的物理解释。在无穷多个简单模式的极限情形中，他指出，是破坏性的干涉剥夺了任何相似的局部振动的合振动。(Darrigol, 2007)

拉格朗日否定了简单模式叠加观念和振动连续体之间的物理关联性，然而，他未能提供令人信服的证据。

拉格朗日的其他论文涉及用微积分解决声音在一维空间中的传导问题。为了实现这个目标，他考虑了离散情形下简单模式的叠加，在连续情形中，他发现

$$y(x,t)\propto\sum_{r=1}^{\infty}\sin\frac{r\pi X}{l}\sin\frac{r\pi x}{l}\cos\frac{r\pi ct}{l}，其中 x=\frac{kl}{n+1}。\tag{4.63}$$

根据他早期对这个和式的推理，如果 $x\pm ct$ 与 X 的差值是 $2l$ 的整数倍，那么上式仅得到非零值。从这个结果拉格朗日推断声音以牛顿预测的速度传播，并在分别处于 $x=0,x=l$ 的固体墙上发出回声。拉格朗日认为，运动方程的线性性质允许各种脉冲叠加而不相互影响，因此“空气能够把各种不同的声音传播到耳朵中而不至于相互混淆”。他责备丹尼尔·伯努利通过简单模式的叠加来解释同一事实，因为在脉冲的传播中没有简单模式叠加所表示的振动。(Lagrange, 1759)[126-141]

拉格朗日认为丹尼尔·伯努利的组合仅仅在前面的少数几个模式的振幅高于其余模式振幅的和时才有意义。很可能，他已经计算了拉紧弦(三角形形状)的傅里叶系数并发现它们的和是发散的(它们就像序列$\left\{\frac{1}{n}\right\}$一样，当$n$很大时，和发散)。他强调在这种情形下以及对大多数初始条件来说，由达朗贝尔–欧拉公式所表示的运动根本不像是由简单模式叠加所构成的运动。(Darrigol, 2007)

但拉格朗日在第二篇关于声音传导的论文的最后赞扬了丹尼尔·伯努利的分析：

这种方法(对简单模式的推测)适合于展示丹尼尔·伯努利的漂亮的命题：当一个物体系统(物体的数量有限或无限均可)承受微小的振动时，每一个物体的振动可以看作是几个与单摆同步的部分运动构成的。(Darrigol, 2007)

拉格朗日区分了简单模式叠加的数学真理与物理意义，如果我们铭记这一点，就能理解拉格朗日看似矛盾的论述。

拉格朗日之所以没有发现傅里叶级数可能要源于欧拉与达朗贝尔的观点——不管弦的初始曲线是否是解析的，一个三角级数的和应当是解析的。1759 年，拉格朗日就已经赞同欧拉的观点——正弦曲线的和不可能表示一根绷紧弦的最一般形状。在 1765 年 3 月 20 日给达朗贝尔的一封信中，拉格朗日发现“很难相信伯努利的解……是自然界发生的唯一的解”。

同时，拉格朗日仍然相信在离散负载弦问题中获得的三角级数在连续弦的极限情形中还是有效的。在重新推导了欧拉的构造之后，他点出了两条曲线是完全相同的与两条曲线的差别小于任何给定的量是有区别的。他相信初始弦的曲线与相应的三角级数仅仅以第二种方式联系起来。

很显然，不管初始弦的曲线是什么，人们总可以使形如 $y=\alpha\sin\pi x+\beta\sin 3\pi x+\cdots$ 的曲线经过无穷多个点，从而使这条曲线无限接近于初始曲线，这两条曲线的差别可以要多小有多小，在初始曲线与上述三角曲线完全一致的情况下，它们两者之间的差别绝对是零；在其他情形下，这条初始曲线仅仅是一条渐近线，它产生出来的曲线(由初始曲线以 $2l$ 为周期延拓出来的奇函数所表示的曲线)将会无限接近于初始曲线但不能完全重叠。

接着拉格朗日在 $y_k=\dfrac{2}{n+1}\sum_{r=1}^{n}\sum_{s=1}^{n}Y_s\sin\dfrac{sr\pi}{n+1}\sin\dfrac{kr\pi}{n+1}\cos\left(2\alpha\sin\dfrac{r\pi}{2(n+1)}\right)t$ 中令 $t=0$，从而得到

$$Y_k=\frac{2}{n+1}\sum_{r=1}^{n}\sum_{s=1}^{n}Y_s\sin\frac{sr\pi}{n+1}\sin\frac{kr\pi}{n+1}, \tag{4.64}$$

拉格朗日由此推断连续函数

$$f(x)=\frac{2}{n+1}\sum_{r=1}^{n}\sum_{s=1}^{n}Y_s\sin\frac{sr\pi}{n+1}\sin r\pi x \tag{4.65}$$

是由离散函数 $k/(n+1)\to Y_k$ 时的连续插值。他同时表明对于任意给定的函数，

$$g(x)=\frac{2}{n+1}\frac{1}{\alpha(x)}\sum_{r=1}^{n}\sum_{s=1}^{n}Y_s\alpha\left(\frac{s}{n+1}\right)\sin\frac{sr\pi}{n+1}\sin r\pi x \tag{4.66}$$

是同一离散函数的另一插值。拉格朗日认为，离散数据的连续插值的不唯一性就能够证实他的论断——三角级数仅仅能够像渐近线一样逼近它们所要表示的函数。这个结论可以浓缩为：对于 n 的任何有限值，三角级数的和(对于自变量的一系列 n 个等间距的值，它的值与给定函数的值是一致的)在相关的区间上没有可能准确地表示这个函数。

更加有意思的是，拉格朗日后来在关于弦振动的一篇论文中运用了如下的约定：$\mathrm{d}X=1/(n+1), X=s/(n+1)$，并写出了式子：

$$y=2\int Y\sin X\pi\mathrm{d}X\sin x\pi+2\int Y\sin 2X\pi\mathrm{d}X\sin 2x\pi+\cdots+2\int Y\sin nX\pi\mathrm{d}X\sin nx\pi\text{。} \tag{4.67}$$

他已清晰地意识到当 $n\to\infty$ 时，这个离散和就成为积分。然而他没有取极限，他的级数停留在有限的 n 上。否则，他将以一种非常简单的方式得到傅里叶基本公

式。他不愿意对n取极限，可能是由于他担心在取极限的过程中发生滑稽的事情。

4.7 小　结

17 世纪末，索弗尔认为弦的实际运动是基本模式与较高模式某种类型的叠加。可见，在这个时期，索弗尔已经有了简单模式叠加的思想。然而，他对简单模式的认识是粗糙的，按照他的观点，简单模式包括基本模式与较高模式，基本模式产生了基音，而较高模式产生了泛音。至于对简单模式的形状以及基本模式的绝对频率等问题还都缺乏足够的认识。总之，索弗尔对简单模式的研究基本停留在定性的阶段。

18 世纪，对于弦振动的研究从本质上讲就是对于简单模式叠加观念的深入与定量探讨。梅森、泰勒、约翰·伯努利等人解决了基本模式的绝对频率以及形状问题。但可能由于数学工具(特别是偏导数的相关理论)的缺乏阻止了泰勒、约翰·伯努利发现弦振动的运动方程以及较高模式。达朗贝尔与欧拉把弦的微元的纵坐标y看作是时间t与曲线横坐标s的函数，从而建立了能够准确描述弦运动状况的偏微分方程，欧拉认为，在一些特殊的情况下，弦的运动可以利用简单模式叠加观念来刻画。但达朗贝尔与欧拉两人都是从纯数学的角度来考虑弦振动问题的，同时达朗贝尔也没有提及较高模式的问题。丹尼尔·伯努利主要从物理角度考虑了弦振动问题，他认为任何一个发声物体都以确定频率通过一系列简单模式而振动。在弦振动的特殊情形，各种振动模式通过泰勒模式(基本模式)的组合(即正弦的组合)得到，它们的频率是基本频率的倍数。这些模式可以通过叠加产生更加复杂的振动。达朗贝尔和欧拉的新解只不过是简单模式的组合。可惜丹尼尔·伯努利从来没有费心去确定简单模式的系数，达里戈尔评论道："他的数学还属于 18 世纪前半叶，而他的物理直觉指向了遥远的未来。"(Darrigol, 2007)随后，拉格朗日部分地解决了确定简单模式系数的问题，一方面他完全解决了三角级数所表示的一条曲线通过n个指定点时确定三角级数系数的问题；另一方面，他已经站在了傅里叶级数的大门口。达里戈尔认为拉格朗日已经掌握了对连续体振动的简单模式分析以及对一大类函数的三角级数分解。总之，丹尼尔·伯努利的"各种振动模式通过泰勒模式(基本模式)的组合得到"的观点引起了达朗贝尔、欧拉、丹尼尔·伯努利以及拉格朗日四人的激烈争论。从数学的角度看，争论的焦点是任意函数能否用三角级数表示的问题；从物理学与音乐学的角度看，争论的焦点是简单模式叠加原理的一般性及地位问题。

概括地说，从数学的角度看，伯努利、达朗贝尔、欧拉、拉格朗日关于可允许的弦的曲线，在一个有限区间上三角级数能够表示的曲线以及部分振动(较高模式）的地位等问题持有不同的观点。伯努利只要求弦的曲线的纵坐标和曲率半径与弦的长度相比较都十分小即可，他相信三角级数可以表示这样的曲线。[①]他宣布部分振动在物理学上是存在的；达朗贝尔要求弦的曲线是解析的并且就在轴的附近，他相信任何“不连续”曲线甚至一些“连续”曲线都不能用三角级数表示，他把部分振动看成是数学的想象；欧拉否认三角级数可以表示非解析曲线，至少不能表示那些与 x 轴的一部分重合的脉冲，他给部分振动赋予了物理现实；拉格朗日刚开始所承认的曲线与欧拉一样（除了多角曲线），但是随着他从离散情形向连续情形的推移，他要求所有弦的导数是有限的，他相信三角级数从“渐近”的意义来说可以表示任何曲线，但有时候当曲线是非解析的或像脉冲一样时，级数与曲线之间不是完全统一的，像达朗贝尔一样他否认了部分振动的物理真实性。

从物理学与音乐学的角度看，欧拉、达朗贝尔、丹尼尔 · 伯努利、拉格朗日在认识简单模式叠加的重要地位方面观点迥异。丹尼尔 · 伯努利认为，听到泛音就是简单模式叠加具有现实性的明证，因此简单模式叠加就是真实的叠加；欧拉通常认为，听到泛音就揭示了部分振动（较高模式）的叠加，但他拒绝把部分振动限制在泰勒振动（即可用正弦级数描述）的范围内。达朗贝尔和拉格朗日不承认部分振动的现实性，拉格朗日甚至把简单模式叠加观念看成是数学的想象，尽管他们不承认部分振动的原因各不相同。达朗贝尔论述道，听到泛音这件事使数学物理分析举步维艰，拉格朗日则认为泛音实际上是由周围许多物体的共鸣引起的。

① 丹尼尔 · 伯努利相信，无穷的曲率（如在多边形中）与微小振动的假设相冲突，见文献(Bernoulli D，1765)。

第5章　傅里叶级数建立的背景

热的作用服从于一些不变的规律，如果不借助于数学分析就不可能发现这些规律。

——傅里叶

对弦振动的研究使得简单模式叠加观念更加清晰起来，也使欧拉、拉格朗日等人已经站在了傅里叶级数理论的大门口，然而他们却丧失了建立傅里叶级数理论的良机。傅里叶是通过对热传导的研究建立其级数理论的。傅里叶的级数理论与热传导研究密切相关，离开傅里叶级数理论，热的解析理论根本就不可能建立。同样，如果傅里叶不深入地研究热传导现象，恐怕很难创建其级数理论。可以说，傅里叶的级数理论与热传导根本无法将它们人为地割裂开来。

在本章中，笔者从傅里叶从事热传导研究的因素分析、傅里叶从事热传导研究的整体思路、傅里叶对离散物体热传导的研究、毕奥对傅里叶的启发等方面阐述了傅里叶级数理论建立的背景。

5.1　傅里叶从事热传导研究的因素分析

傅里叶(图 5.1)于 1768 年 3 月 21 日出生于法国勃艮第大区(Burgundy)的欧塞尔(Auxerre)，是一个裁缝的儿子，童年时父母双亡，被教堂收养。大约 1780 年，傅里叶被送入欧塞尔的军事学校读书，就像其他的一些伟大的数学家一样，傅里叶对文学与人文很有兴趣，只要阅读一下他的《热的解析理论》的前言，就可以发现他是一位一流的作家。然而当他刚一接触数学，就被数学无穷的魅力所吸引，规定的学习时间不能够满足他强烈的好奇心。他把许多蜡烛头仔细地收集在学院的厨房里、走廊里、餐厅里，或者放在炉边用屏风隐藏起来，以便在晚上学习时用来照明。年轻的傅里叶研习了欧拉、达朗贝尔、拉格朗日的著作，他从这些灿若星辰的伟大数学家的开创性研究中得到了许多启发。他有志于当炮兵或工程兵，尽管有勒让德(Legendre, 1752—1833)的支持，但由于他不是贵族而被拒绝了。但这些情况都没有妨碍欧塞尔军事学校的管理者把他任命为该校的首席数学教授。傅里叶是如此的博学，以至于他轮流担任了修辞学、历史学、哲学的教授。

傅里叶并没有把他所有的时间与精力都花在数学上。1789 年法国大革命爆发，傅里叶成为一个热情的激进民主主义者，在极度恐慌时期，他是欧塞尔地区革命委员会主席。他曾被捕入狱，在给熟人的一封信中他说，没有人像他一样积极地参与欧塞尔地区的革命，也没有人像他一样遭遇了如此的恐惧。在大革命期间，傅里叶被委托负责征募新兵。在爱国与激情的激励之下，这位年轻的数学家喊出"荣誉，祖国，上帝"的口号是如此打动人心，从而使他毫无困难地完成了 3000 人的征兵任务。

图 5.1 傅里叶

1794 年，巴黎师范学校和巴黎多科工艺学校相继建立。从不同城镇派来的 1500 名公民聚集到巴黎师范学校来跟着大师们学习，傅里叶就是这 1500 名学员中的一位。由于具有非凡的才能，傅里叶很快就完成了从学生到老师的转变。傅里叶在巴黎师范学校是一位出色的教师，他的工作为他赢得了声誉。同时，他还是巴黎多科工艺学校的创立者，在此他曾协助拉格朗日与蒙日从事数学教学，负责防御工事课程，后来又被任命讲授分析学课程，他的授课以清晰、有条理、优雅为特色，所以当他离开巴黎多科工艺学校时已获得了极大的尊重与很好的声誉。

1798 年，他放弃了巴黎多科工艺学校分析学教授的席位参加了拿破仑去埃及的远征队伍。在那里，他作为埃及研究院的秘书，经历了战争、暴动与瘟疫。但他在埃及的工作是富有成效的。傅里叶是现代埃及学的创始人之一，他组织了一次对远古埃及的科学考察，取得了重大发现，这些发现奠定了《埃及描述》这部巨著的基础。

当傅里叶最后从埃及回到巴黎时，并没有像他希望的那样静下心来教学、做研究，而是不久就离开巴黎去做伊泽尔省(Isère)的行政长官。1802—1815 年间，他一直担任伊泽尔省的行政长官，在此期间，他开展了许多重大的公共事业，在格勒诺布尔附近的沼泽地建造了排水装置，从而把"传染病的中心"转变为"有丰硕的收成，有肥美的牧场，有大量的畜群，有直爽的居民"的地区。在格勒诺布尔，傅里叶作为伊泽尔省省长进行管理工作的同时，还在写《热的解析理论》，我们感到惊讶的是，在这么多费时费力的管理工作中，傅里叶是如何挤出时间进行热传导研究的?

1816 年，傅里叶被提名为法国科学院的成员。1822 年，他当选为科学院的终身秘书。1827 年，傅里叶当选为法兰西学院院士。

傅里叶的科学成就主要在于对热传导问题的研究。1807 年，他向法国科学院呈交了一篇题为《热的传导》的论文(图 5.2)，虽然拉格朗日、拉普拉斯、蒙日、拉克鲁瓦(Lacroix, 1765—1843)等数学家评审后拒绝发表这篇论文(Darrigol, 2007)，但这篇论文的摘要于 1808 年发表在《科学普及协会通报》(*Bulletin de la Société Philomathique*)上。(Jourdain, 1917)拉格朗日等评审人针对傅里叶的论文于 1810 年 2 月 2 日提出了悬赏问题：

“给出热的数学理论以及把这个理论的结果与精确的实验作比较。”(Grattan-Guinness, 1969)

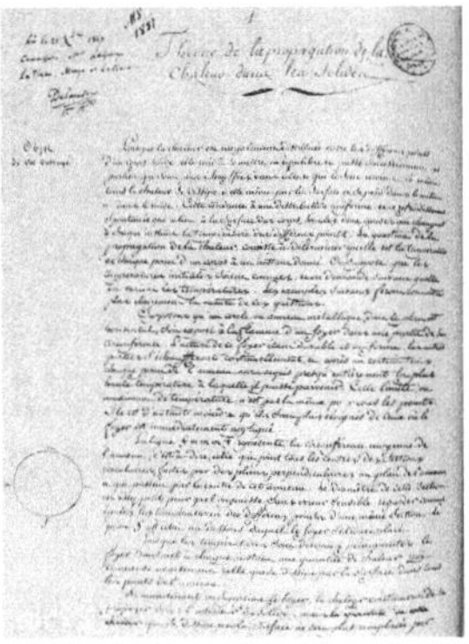

图 5.2　傅里叶关于物体中热传导理论的手稿

随后，傅里叶根据悬赏问题的要求修改了 1807 年的论文，并于 1811 年 12 月 28 日向科学院提交了修改后的论文。这次论文获奖了，但论文评审人认为“为了严格起见，他的积分过程有待进一步考虑”。(Bose, 1915)因此，他对论文进行了第三次修改，从而形成了《热的解析理论》。傅里叶的这部著作集中反映了他在数学和物理学方面所做的重要贡献，被认为是数学经典文献之一，麦克斯韦(Maxwell, 1831—1879)称赞这本书是一首数学的诗。(傅里叶，1993)[viii] 书中涉及的新颖方法与重大结果开辟了数学和物理科学史上的新纪元。(Bose, 1915)

同一时期，毕奥与泊松(Poisson, 1781—1840)也热衷于热传导的研究，但在傅里叶取得突破性进展之前，他们两人在这一领域取得的成果非常有限。通过比较发现，泊松的热理论采用了热素流体的物理模型，而傅里叶不给热流以任何假设的物理模型，他主要通过建立并求解热传导的微分方程来展开其理论。(哈曼，2000)[29] 毕奥虽然对热传导现象有了较为深刻的理解，但他没有给出相关的数学分析，这阻碍了他的进一步研究。因此，从一定意义上讲，正是由于傅里叶抛弃了物理假设，而主要依靠把热传导问题转化为分析学问题的策略才使他获得了极大的成功，才使他在热传导问题的研究上远远超越了毕奥与泊松。鉴于此，下面从热传导理论数学化这个角度展开对傅里叶工作的论述。

17 世纪末到 19 世纪中叶，热学经历了早期发展。(郭奕玲等，2005)[40-44] 1736 年，法国科学院把热问题的求解作为悬赏课题，当时提出的问题是“对于火(指“热”，当时还没有“热”“热量”的术语)的本质与传导的研究。”(Bose, 1915)可见，在热学的早期研究中，核心问题是热的本质与传导。傅里叶从事热传导的研究可能与此悬赏课题有关。然而他对热学的研究并没有陷入对热的本质的争论中，而是选择了热传导的数学化研究，这是有深刻原因的。

5.1.1 科学数学化浪潮的推动

在古希腊，毕达哥拉斯学派发现：弦所发出的声音取决于弦的长度；两根绷得一样紧的弦，若一根是另一根长的两倍，就会产生谐音。换言之，两个音相差八度。如两弦长为 3 比 2，则发出另一谐音。这时短弦发出的音比长弦发出的音高五度。确实，产生每一种谐音的多根弦的长度都成整数比。所以他们把音乐归结为数与数之间的简单关系。

毕达哥拉斯学派把行星运动归结为数的关系。他们认为物体在空间运动时会发出声音，运动快的物体比运动慢的物体发出更高的音。根据这个关系，离地球越远的星，运动越快，因此行星发出的声音(我们因为从出生之日起就听惯了，所以觉察不出来)因其随与地球的距离而异而成谐音。这“天籁之音”也像所有谐音一样可以归结为数的关系。

由于毕达哥拉斯学派将天文学和音乐归结为数，这两门学科就同算术和几何发生了联系。这四门学科都被人看成是数学学科，甚至一直到中世纪，它们仍然是学校课程的“四大学科”。

毕达哥拉斯学派震惊于这些事实，他们由此推断数学性质必定为许多自然现象的本质。更精确地，他们从数和数的关系方面发现了本质。数学是他们解释自然的第一要素，因而毕达哥拉斯学派认为“万物皆数也”。因为数是万物之“本”，对自然现象的解释只有通过数才能获得。

在古希腊,毕达哥拉斯学派确实认识到了数学知识的重要性与广泛的普遍性，他们已经在某种程度上意识到，事物之间关系的数学化有助于理解自然。托勒密等天文学家都用几何模型来解释天文现象。托勒密设想，各行星都绕着一个较小的圆周运动，而每个圆的圆心则在以地球为中心的圆周上运动。他把绕地球的那个圆叫“均轮”，每个小圆叫“本轮”，同时假设地球并不恰好在均轮的中心，而是偏开一定的距离，均轮都是一些偏心圆；日、月、行星除了作上述轨道运行外，还与众恒星一起，每天绕地球转动一周，从而使计算结果达到了与实测的一致，取得了航海上的实用价值。然而，不知什么原因，古希腊人从来没有深入地觉察到，从事与力学、物理学和其他科学紧密相关研究的有效方法是，通过量的大小来弄清楚质的含义，然后利用数学的公式和关系表示相关的规则和定律，以便这种数学公式和关系的应用能够进一步得到解释和发展。(波克纳，1992)[18] 古希腊人，尤其是亚里士多德，常用物理学术语来解释自然现象的行为。他们的主要理论是，所有的物质是由四种元素即土、气、火和水组成，它们具有一种或多种性质，重性、浮性、干性和湿性。这些性质可解释物体的表现：火向上燃烧是因为火轻，而土质的物质向下落是因为它具有重量。对于这些性质，中世纪的学者们还增加了其他许多性质，如共振和不相容。共振解释了一个物体相对于另一个物体，如铁对磁石的吸引；不相容则解释了一个物体被另一物体所排斥。(克莱因 M，2001)[43] 古希腊数学与理论力学的发展之间是不平衡的。古希腊有系统的数学、天文学，但除此之外，几乎没有获得在地位上与数学平等的理论力学或理论物理学，而他们的物理学，无论其成果多么卓越，也不过是许多成果的大杂烩。(波克纳，1992)[98]

虽然古希腊人已经具有了科学数学化的信念，但对于如何数学化的认识是模糊不清的。科学的真正数学化发端于 17 世纪。

在 17 世纪，笛卡儿坚持认为所有物理现象都能由物质和运动来解释。物质的这些基本属性具有广延性，并且可以度量，因此可以归结为数学。伽利略和笛卡儿一样，相信自然界是用数学设计的。他论述道：

哲学(自然)是写在那本永远在我们眼前的伟大书本里的——我指的是宇宙——但是，我们如果不先学会书里所用的语言，掌握书里的符号，就不能了解它。这书是用数学语言写出的，符号是三角形、圆形和别的几何图形。没有它们的帮助，我们是连一个字也不会认识的；没有它们，人就像在一个黑暗的迷宫里劳而无获地游荡着。

自然界是简单而有秩序的，它按照完美而不变的数学规律活动着。神圣的理智，是自然界中理性事物的源泉。上帝把严密的数学必要性放入世界，人只有艰苦努力才能领会这个必要性(克莱因 M，1979)[33]。伽利略有了这样的信念后，他将物理学研究的中心集中到形状、大小和运动等物质的属性上。他说，“如果把耳朵、舌头和鼻子都去掉，我的意见是：形状、数量(大小)和运动将仍存在，但将失掉嗅觉、味觉和声觉，这些都是从活的动物中抽象出来的，照我来看，只是一些名词而已。”因此，伽利略和笛卡儿一样，一下子就剥掉了千百种现象和性质而集中到物质和运动这两种可用数学描述的东西上。集中到物质和运动，只是伽利略研究自然新方式的第一步。接着，他认为任何科学分支应在数学模型上取图案，且都应从公理或原理出发，然后演绎地进行下去。(克莱因 M，1979)[33-34] 科学必须寻求数学描述而不是物理学解释，而且，基本原理应由实验和根据对实验的归纳而得出。

牛顿坚信伽利略的信念，并全盘接受了他的科学研究程序。在《自然哲学的数学原理》一书的序言中，他写道：

由于古代人(如帕普斯告诉我们的那样)在研究自然事物方面，把力学看得最为重要，而现代人则抛弃实体形式与隐秘的质，力图将自然现象诉诸数学定律，所以我将在本书中致力于发展与哲学相关的数学……因此，我的这部著作论述哲学的数学原理，因为哲学的全部困难在于：由运动现象去研究自然力，再由这些力去推演其他现象。为此，我在本书第一编和第二编中推导出若干普适命题。在第三编中，我示范了把它们应用于宇宙体系，用前两编中数学证明的命题……推

算出行星、彗星、月球和海洋的运动。(牛顿，2006)

很明显，数学在这里起了主要作用。牛顿有充分的理由强调定量的数学定律从而反对物理学解释，因为在他的天体力学中，核心概念是万有引力，而万有引力的作用根本不能用物理学术语解释。即使完全没有物理学解释，而仅仅依靠数学描述，牛顿也使得他那无与伦比的贡献成为可能。作为对物理学解释的替代，牛顿确实有一个有关重力作用定量的公式，这个公式既重要又实用，因此，在他的《自然哲学的数学原理》开篇中，牛顿说："我在此只为这些力提供一个数学的概念，并没有考虑他们的物理因果。"在书末他又重复了这种思想：

但是我们的目的，是要从现象中寻出这个力的数量和性质，并且把我们在简单情形下发现的东西作为原理，通过数学方法，我们可以估计这些原理在较为复杂情形下的效果……我们说通过数学方法……，是为了避免关于这个力的本性或质的一切问题，这个质是我们用任何假设也确定不出来的。(克莱因 M，1979)[40]

牛顿采纳伽利略的寻求数学描述而不是物理解释的科学研究程序获得了巨大的成功。他证明了开普勒经过多年观测和研究得出的开普勒三定律可以由万有引力定律和运动三定律用数学方法推导出来；他应用万有引力定律解释了以前一直难以解释的海洋潮汐现象；算出了月球的质量；计算了地球沿着赤道的隆起度；解决了许多有关月球运动的问题。

牛顿通过放弃物理解释，用数学概念、量化了的公式以及数学推导成功地发现了宇宙的运行规律，并重铸了整个 17 世纪的物理学(克莱因 M，2001)[50]。牛顿的光辉业绩更使人坚信：自然界是依数学设计的，自然界的真正定律即数学。18 世纪，数学家们，同时也是伟大的科学家们继承了牛顿的做法。在力学领域，欧拉系统地将分析学用于力学的全面研究；拉格朗日通过《分析力学》企图使力学分析化，使力学成为数学分析的一个新的分支；拉普拉斯更是追求一个宏大的目标——使所有的物理学隶属于数学分析。同时定量的数学化的方法还扩展到了流体力学与弹性力学，欧拉曾写道：如果我们仍不能透彻领悟有关流体运动的完整知识，那么归结其原因，并非因为我们对力学或对已知的运动原理认识不足，而是因为(数学)分析本身背弃了我们，因为所有的流体运动理论已经归结于分析公式的求解了。(克莱因 M，2001)[57] 在光学领域，欧拉用数学处理光振动并得出光的运动方程。在声学领域，达朗贝尔、欧拉、丹尼尔·伯努利、拉格朗日等人通过对小提琴弦的研究开始了乐音的数学描述与分析。如果说 17 世纪科学的数学化主要局限于力学的话，那么在 18 世纪这种潮流逐渐渗透到物理学的其他领域。数学支配一切的信念深入人心，拉普拉斯有一段著名的论述：

我们可以把目前的宇宙状态看作是宇宙过去的结果和将来的原因。如果一个有理性的人在任何时刻都知道生物界的一切力及所有生物的相互位置，而他的才智又足以分析一切资料，那么他就能用一个方程式表达宇宙中最庞大的物体和最

轻微的原子的运动。对他来说，一切都是显然的，过去与未来都将呈现在他眼前。(克莱因 M，2001)[60]

但在 18 世纪，人们对热、磁、电等现象的研究基本上还是定性的，然而到了 18 世纪末，采用定量的数学方法去研究这些现象的态势已初见端倪(哈曼，2000)[15]。

傅里叶在《热的解析理论》的绪论中写道："牛顿构造了整个宇宙体系。这些哲学家的后继者们扩展了这些理论，并且赋予它们一种令人惊叹的完美性：它们告诉我们，大多数不同的现象都服从于在一切自然作用中都再现出来的少数基本定律……因此牛顿的这样一个思想被确认了：几何学引以为荣的，是以如此之少而提供如此之多。"(傅里叶，1993)[1] 由此可见，傅里叶已经清醒地认识到牛顿及其后继者们科学工作的本质——科学的数学化。因此他的《热的解析理论》这部著作的目的"就是要揭示这种元素(在傅里叶时代，热的本质尚未弄清楚，比较有影响的仍然是热质说，因此他在此处以一种元素来称呼它)所服从的数学规律"。(傅里叶，1993)[1] 傅里叶在绪论中进一步论述道："热运动方程，和那些表示发声物体的振动或液体的临界振荡方程一样，属于最近发现的分析分支之一。"(傅里叶，1993)[6] 我们发现，傅里叶就像拉格朗日一样雄心勃勃，他要把热传导问题转化为分析学问题。

5.1.2　拿破仑时期法国实验物理大变革的影响

18 世纪的大多数时间里，物理学中两种处理问题的传统并存。一方面，理性力学的科目——静力学、动力学、流体静力学、流体动力学、天体力学——当时作为应用数学的问题被几何学家所处理；另一方面，包括物理学家、神职人员、哲学家、化学家、业余爱好者在内的"实验哲学家"经验性地研究热、电、光、磁等(通常把它们称为实验物理学)。

在整个 18 世纪，数学家会偶尔处理实验物理学问题。例如，克莱罗(Clairaut, 1713—1765)研究了大地测量学，欧拉研究了光学。然而，在 18 世纪 80 年代的法国，精密科学(天文学、数学、工程)领域的学者第一次对实验物理学中的问题进行了持续的研究。而在此之前没有如此多的受过数学训练的科学家同时参与这些问题的研究。

19 世纪的前 10 年，实验物理学完成了一个转变。拉普拉斯、贝托莱(Berthollet, 1748—1822)及他们在阿尔克伊学社①的学生们努力把一门定性说明的科学转变为一门严格的数学化了的科学。这种转变扎根于 18 世纪 80 年代，在 1810 年左右达到高潮，但关键时期是 1800—1810 年间，在此期间，阿尔克伊学社自觉地把实

① 拿破仑执政时期，贝托莱和拉普拉斯在巴黎南约 3 公里的阿尔克伊村他们自己的私人别墅里组织起来的一个民间性质的学术团体。

验物理学的数学化作为他们的任务。

在阿尔克伊学社中，毕奥对实验物理学数学化的明确计划在他翻译费希尔(Fischer, 1754—1831)的《力学物理学》时进行了最好的阐述，他写道：

在阿尔克伊您那安静迷人的私人别墅里，在有趣而富有启发性的谈话中，我经常听到您(指贝托莱)和拉普拉斯先生遗憾地说，当其他科学在法国发出耀眼的光芒时，物理科学(指实验物理学)的进展却微乎其微。物理科学似乎孤立于其他具有确定性知识的科学之外，您找出了物理科学处于这种不利情形的原因。人们企图使物理学从数学与化学中分离出来，你和拉普拉斯两人对此感到惊讶。如果没有数学和化学的支持，物理学就不会取得进展。必须承认，法国物理学发展缓慢是因为人们一直把它看成是说明的科学而不是研究的科学。人们满足于向公众提供一系列精彩的实验而不是企图精确地确定现象的规律以及用数学推理描述这些规律之间的关系。这种错误的方向已经造成了不良的后果，现在要做的就是把精确的思考与严格的方法引进物理教学与研究中，这是促使物理学进步的唯一途径。(Frankel, 1977)

费希尔对这个计划作了分析，他把这个计划分成四个互补的过程。第一是“定量化”或用新的仪器或者技术去获得以前仅仅是定性讨论的那些物理实体的数值度量。拉普拉斯和拉瓦锡发明并使用冰卡计进行热测量，库仑(Coulomb, 1736—1806)用扭秤确定电磁力等都是“定量化”的实例。第二是通过引进新的程序、控制元件、设备提高精确度并减小实验误差。博尔达(Borda, 1733—1799)的测量技术，库仑确定一个孤立导体上电荷随时间损耗率的技术，以及在物理测量中越来越广泛地使用温度计和气压计就是这方面的例证。第三是把数据表示为物理变量之间的代数表达式。1801 年盖 · 吕萨克(Gay-Lussac, 1778—1850)提出的关于气体体积与温度之间关系的盖 · 吕萨克定律，以及库仑确定的电磁力正比于距离平方的倒数的定律等都是这方面的例证。第四是把定量数据或代数关系引进分子间具有超距作用力的物质或不可称量流体——光、热、电、磁中。

在上述计划的鼓舞下，在 19 世纪的头十年，实验物理学逐步成为一个正在扩展的、生机勃勃的学科。而数学经过欧拉、达朗贝尔、拉格朗日、孔多塞(Condorcet, 1743—1794)以及前一个世纪其他数学家的工作，似乎已经是一部完成或至少正在完成的著作。拉格朗日在 1781 年就清晰地表达了这种观点：在我看来似乎(数学)矿井已挖掘很深了，除非发现新的矿脉，否则迟早势必放弃它。现在物理和化学提供了最辉煌的财富，它们也比较容易开发，我们这一世纪的爱好看来也是完全在这个方面。(克莱因 M, 1979)[383-384]有可能正是受这种科学研究大背景的影响，许多数学家都参与到了实验物理学的研究，从而使实验物理学焕发了勃勃生机。

特别地，有两件事预示着实验物理科学数学化与量化时代的到来。首先，1783 年，拉普拉斯和拉瓦锡（Lavoisier, 1743—1794）完成了著名的论文《论热》（*Mémoire sur la chaleur*）。

《论热》中包含了对比热概念的深入讨论，比热这个概念是由英国的布莱克（Black, 1728—1799）、克劳福德（Crawford, 1748—1795）等人发展起来的，它是对人们更加熟悉的潜热概念的阐述。这篇论文中最具创新的部分就是对一个仪器的描述，这个仪器是由拉普拉斯想到的，是用来测量比热的。实际上这个仪器是一个金属筒状物，它被分成三个同轴的部分，最里面的筒装有待确定比热的物体，外面两层的筒填充了冰和一些水龙头，冰融化后水通过水龙头流出来。

为了用冰卡计确定比热，把质量已知的物质加热到水的沸点，然后放入最里层的筒中让其冷却到冰点。中间的筒中的冰吸收了物体冷却期间释放的热量从而使得部分冰融化。冰的融化量正比于物体释放出的热量，因此也正比于物体的比热。

冰卡计与传统的确定比热的“混合方法”相比有两个重要的优点。首先，冰外部的保护罩防止该装置向大气散失或从大气中获得热量。其次，这个装置使拉瓦锡和拉普拉斯能够测量溶于水的物质的比热，还可以测量燃烧热、呼吸热。以前的方法是无法测量这些物质的比热的。他们运用冰卡计确定了十二种物质的比热，磷、乙醚、煤的燃烧热，几个其他的化学反应释放出的热量，天竺鼠的体热。

《论热》是数学家与物理学家聚集在一起的标志，也是 19 世纪热学走向量化科学的开端。

其次，库仑对电磁学进行了量化研究。库仑关于电和磁的七篇论文是多年以来一系列物理研究中最著名的成果。1777 年，他的一篇关于指南针的论文获得了科学院的奖励，在这篇论文中，他建议指南针要应用悬挂的扭转装置，后来巴黎天文台采纳了这个建议。这篇论文包含了库仑对扭转的首次观察，他得出了扭转力与扭转角度之间的正比关系，同时也包含着运用扭秤度量微小力的早期计划。在 1784 年的一篇长文中，他扩展与深化了这项工作，在这篇论文中，他确定了金属线扭转的实验规律，提出了解释这些规律的分子理论。

在有关扭转工作之后，库仑进行了电磁学的研究。在 1785 年第一篇关于电磁学的论文中，他针对诸如电荷等物体之间排斥力的情形“呈现了采用扭秤进行电学研究的细节，并论证了力的平方反比定律”（Frankel, 1977）。接着在第二篇论文中，他通过更改实验方法把平方倒数定律扩展到不同电荷之间吸引力的情形，并且他表明静电力正比于两个带电分子的电流。他也开始了磁学方面的工作，确定了磁针的磁极，建立了磁性流体引力与斥力的平方反比定律。

在第三篇论文中，库仑确定了隔离导体电荷的漏损率，提出了理想导体和理想绝缘体的理论。分别写于 1786 年、1787 年、1788 年的第四、第五、第六篇论文处理了大小不同、形状不同物体的电荷分布。他认为一个物体的电荷分布不依赖于这个物体的化学性质而仅仅依赖于物体表面的形状。他测量了球、圆柱等各种简单几何体的电荷分布，并试图从中推导出平方反比定律但没有成功[①]。库仑的最后一篇论文确定了在大小不同的磁针中磁性流体的分布。

在物理学中，对库仑的工作无论给出多高的评价都不为过。他用五年时间写成的七篇论文，报告了一系列无与伦比的细心的、巧妙的以及量化的实验，这些实验以一种简单的方式导出了数学规律。他为不确切的、归纳法的电磁科学奠定了一个清晰的数学基础，他建立了以自己名字命名的有关静电力和磁力的定律。他的研究能够代表法国实验物理学数学化的三个主要方面：改进仪器与实验方法从而获得实验的量化结果，在数据的解释中增加数学的应用，寻找类似于牛顿万有引力定律的力学定律。

拉瓦锡和拉普拉斯关于热的工作以及库仑关于电磁的工作并不是 18 世纪 80 年代实验物理数学化进程中仅有的例子。在此期间还有其他一些实例，阿羽依研究了结晶学与双折射，蒙日研究了表面张力现象。此外，盖・吕萨克、毕奥、泊松、马吕斯(Malus, 1775—1812)等人也为实验物理学数学化进程做出了重大贡献。

在费希尔看来，毕奥是发展实验物理学数学化这一计划的中心人物。他早期的许多研究直接体现了把数学语言引进实验物理领域的计划。他是拉普拉斯的开门弟子，同时又是年龄最大的并且和拉普拉斯关系最为密切的学生，也是拉普拉斯弟子中最多产的物理学家。在毕奥看来，真正的物理学不是烦琐和假设的物理学，而是巧妙的精确的物理学，以严格的观察与比较为基础建立用数学语言表达的理论。实验物理学的开创者——就是毕奥所说的数学物理学家——不是那些书桌旁的理论工作者，而是受过数学训练的追求精确性的实验物理学家。在当时他的论文涵盖了所有的实验物理学领域——光学、热学、声学、电学、磁学——如果脱离了数学化这个背景，我们会对他论文的多样性感到不可思议。而且，在毕奥的著作中，有许多地方明确地陈述了这一计划的目标与成就。

在此，我们必须简单提一下毕奥 1804 年的研究：热传导以及一种简单而精确地度量高温的新方法。(Biot, 1804) 在这个研究中，毕奥把一根细长铁杆的一端放在炉子中进行加热，在长杆的不同地方用装有水银的温度计测量温度。他发现温度随着距离的增大而指数递减，因此通过较冷端的温度值就可以推断炉子的温度。他试图从牛顿冷却原理与热量理论出发推出温度以指数形式下降的规律，虽然他没有成功，但他的工作激发了傅里叶对于热传导问题的研究。(Fourier, 1972)

毕奥开创了热传导数学化研究的先河，但他并没有沿着这条道路一直走下去。

① 泊松于 1811 年完成了推导。

他的中途停滞为傅里叶留下了创造的空间。那么毕奥为什么中途放弃热传导数学化这项研究呢？原因可能是复杂的。费希尔发现实验物理学数学化的计划使毕奥短期内在好几个领域做出了贡献。从 1800 年到 1807 年期间，他写出了关于电学、磁学、声学、光学、热学、天文学、化学、数学方面的重要论文；此外他还写了两本教材，翻译了一本教材，并为第一研究院写了二十篇报告。但他的工作也有不足的一面，费希尔认为，他的许多工作是草率的、表面化的或不完美的。他的关于伏打电池、地磁学、声音的传播、热的传播的论文都包含了进一步研究的承诺，但他从来没有实现这些承诺。毕奥似乎不能或不愿意坚持做一个课题。康多勒（Candolle, 1778—1841）论述了巴黎对年轻科学家的诱惑，他的论述或许能够部分地提供毕奥对很多研究中途放弃的答案。

不能否认，生活在巴黎可以提供大量的学习与促进研究的机会，但是巴黎有许多令人分心的事物，同时对一个年轻的科学家来说巴黎还具有其他方面的不足，这是我的切身体会。

个人很容易参加大量的工作，在别人工作的刺激下，往往不能坚持自己的研究或至少不能全心全意地进行自己的研究。个人太急于在学术团体中宣读自己的论文或在学术刊物上发表自己的论文从而没有足够的时间把研究做得完美。

人们狂热地追求学术地位的获得，这种氛围会影响每一个人，常常使个人远离重要的工作。每一个人只有依赖有影响力的人的支持才能获得学术地位，每一个人热衷于写一些平庸的书而不是写一些对科学能够产生深远影响的著作，每一个人的目标都是做一些不会带来批评的工作而不是做一些真正包含科学难题的工作。

而傅里叶可能在 1802—1807 年的这段时间开始了热传导的研究。在此期间他一直担任伊泽尔省的行政长官，由于远离学术中心巴黎，傅里叶的研究可能很少受到其他人的影响。按照康多勒的观点，这倒有利于他在热传导数学化的道路上坚持走下去，直至获得成功。总之，在实验物理学数学化的这种背景下，傅里叶进行热理论的数学化研究就是自然而然的事。傅里叶的研究工作不但受到了法国实验物理大变革的影响，而且更为直接的是受到了毕奥研究的启发。

5.1.3 计温学与量热学的建立

大约 1593 年，伽利略最早用热胀冷缩的原理发明了温度计，后又经华伦海特（Fahrenheit, 1686—1736）、摄尔西乌斯（Celsius, 1701—1744）等人对温度计的改进和对温度标准的完善使得计温学在 18 世纪建立起来。（郭奕玲等，2005）[40-44] 从热学的发展历史看，它的建立使热学的实验研究蓬勃开展起来，也是热学走向定量科学的第一步。从 18 世纪中期开始，量热学也逐步建立起来。1756 年，英国化学家布莱克(Black, 1728—1799)开始把热量和温度从概念上区分开来，他开始认识到温度只反映物体的冷热程度，物体所贮有的热或所传递的“热量”不仅与温度有关，还同物体的质量以及物体的材料有关。这个关系现在被写为$\Delta Q = cm\Delta T$，式中c为比热，是一个和物体的材料有关的量，m为物体的质量，ΔT为温度的变化量，ΔQ为热量的变化量。这样测量热量的理论与方法就建立起来了。(张瑞琨，1986)[335] 18世纪末，拉瓦锡和拉普拉斯通过许多热学实验发明了精确测量热量的冰卡计，从而使热量的准确度量成为可能。

热学实验的观察离不开对温度与热量的度量，计温学与量热学的建立为傅里叶热传导理论的数学化做了准备。

5.2 傅里叶从事热传导研究的思路

傅里叶对热传导的研究完全是依照数学化的基本思路展开的，他坚信数学是解决实际问题的最卓越的工具。他在《热的解析理论》的绪论中写道：

……由笛卡儿首先引入到曲线和曲面研究中去的解析方程，并不只限于图形的性质和作为理论力学对象的那些性质；它们扩展到所有的一般现象。不可能有一种比它更普遍、更简单，并且更免于错误和模糊性的，即对于表示自然事物的不变关系更有价值的语言了。

从这样一种观点来看，数学分析和自然界本身一样宽广；它确定一切可感知的关系，测量时间、空间、力和温度……

它的主要特征是清晰；它没有表达混乱概念的痕迹。它把最不相同的概念联系在一起，并且发现统一它们的隐秘的相似性。即使物质像空气和光那样，因其极稀薄而不为我们所注意……即使在地球内部，在人类永远不可企及的深度上发生重力作用和热作用，那么，数学分析仍然可以把握这些现象的规律。它使得它们显现和可测，它似乎注定是要弥补生命之缺憾、感官之不足的人类心智的能力；更令人惊异的是，它在一切现象的研究中遵循同一过程；它用同一语言解释它们……(傅里叶，2008)

傅里叶进一步指出，热的作用服从于一些不变的规律，如果不借助于数学分析就不可能发现这些规律。即将要阐明的这个理论的目的就是要论证这些规律。他把关于热传导的所有物理研究都归结为其基础已由实验所给出的积分运算。和重力一样，热贯穿在宇宙间的一切物质之中，它的射线充斥于空间的所有部分。他的著作的目的就是要解释这种元素①所服从的数学规律。

傅里叶经历了一段长期仔细地研究后，他把自己的理论建立在一个实验事实

① 在傅里叶时代，热的本质尚未弄清楚，比较有影响的仍然是热质说，因此他在此处以一种元素来称呼它。

基础上，那就是“所有的热运动取决于温差”。当然傅里叶还发现影响热传导的主要因素有：①物体容纳热的能力；②物体表面接受以及传输热的能力；③物体内部导热的能力。这些因素分别通过以下“三条原理”来度量。

Ⅰ　热量测定原理：一给定时间段一点处散失或获得的热等于物体质量、比热以及这个时间段这一点处降低或升高的温度三者的乘积。

Ⅱ　物体表面散热原理①：给定面积上传播的热等于传播的面积、外热导率以及温度的变化三者的乘积。

Ⅲ　物体内部热传导原理：物体内部一点的热流量等于通过热流的面积、内热导率以及这一点的温度梯度三者的乘积。

傅里叶从“三条原理”出发，建立起了半无穷矩形薄片、矩形棱柱、立方体、圆柱、半径为 *R* 的立体环以及球的热传导方程。热传导方程的建立真正地把物理问题归结为纯分析问题。“热运动方程，和那些表示发声物体的振动或液体的临界振荡方程一样，属于最近发现的分析分支之一”。(傅里叶，1993)[6]这也和拉普拉斯的宏大目标(使所有的物理学隶属于数学分析)相一致。

如果人们想要发现的真理隐藏在分析公式之中，这丝毫不亚于它原来在物理问题本身中的隐藏程度。所以，偏微分方程建立起来以后，必须得到它们的积分②。

傅里叶首先求解半无穷矩形薄片的热传导方程，他利用变量分离的方法给出了物体内部热传导方程的一般解，再结合表面情形并利用正弦函数的正交性确定一般解中的系数。在对半无穷矩形薄片热传导方程的求解中创建了傅里叶级数。他利用自己颇为得意的三角级数法求解了矩形棱柱、实立方体、半径为 *R* 的立体环以及球的热传导方程；但是在求解圆柱的热传导方程时，三角级数法遇到了挑战，最终他放弃了这种方法，但他发现物体内部热传导方程的一般解是指数函数与贝塞尔函数的乘积，在结合表面条件确定一般解中的系数时，他利用很高的技巧证明了贝塞尔函数与正弦函数一样具有正交性，从而求解了圆柱的热传导方程。至此，傅里叶级数理论已完全建立起来。(贾随军等，2009)

5.3　傅里叶对离散物体热传导的研究

众多的研究成果表明，傅里叶热传导的研究始于对离散情形的研究，这项研究开始于 1802—1804 年间(Grattan-Guinness, 1969; Bottazzini, 1986; Herivel, 1975)。他通过考虑排列在一条直线上的有限个离散物体的热运动开始了这一主题

① 事实上是牛顿冷却原理。

② 即微分方程的解。

的研究。在《初稿》(*draft paper*)中收录了解决这一问题的手稿,《初稿》这部著作完成于 1804—1805 年。1807 年的论文、获奖论文以及《热的解析理论》都出现了该问题(当然有许多扩展)。对离散物体热传导的研究作为傅里叶热理论早期工作的历史丰碑出现在获奖论文与《热的解析理论》中，就像对向心力法则的第二个证明作为牛顿早期天文学工作的标志性成果出现在《自然哲学的数学原理》中一样。使科学史家感到幸运的是，傅里叶具有强烈的历史意识，他没有通过毁坏早期的手稿而隐藏自己的研究轨迹，因此在早期的《初稿》中就可以找到对于离散物体热传导的论述。

在《初稿》中对离散物体热传导的处理与 1807 年论文中的处理完全一样。假设有两个具有良好导热性能的质量都为 m 的物体，它们的初始温度分别为 a,b，设想它们之间的热传导是以如下方式进行的：有一个无穷薄层 $\mathrm{d}m$ 在固定时间 $\mathrm{d}t$ 内在两个物体之间来回移动。如果在 t 时刻两个物体的温度分别为 α,β，那么薄层 $\mathrm{d}m$ 经过一次完整移动后，两个物体温度的变化量可由

$$\mathrm{d}\alpha=-\frac{(\alpha-\beta)}{m}\mathrm{d}m\text{，}\quad \mathrm{d}\beta=\frac{(\alpha-\beta)}{m}\mathrm{d}m$$

给出，无穷小量 $\mathrm{d}m$ 可以用 $k\mathrm{d}t$ 来代替，k 是物质的单位的数目，它所包含的 $\mathrm{d}m$ 的倍数与一个时间单位所包含的 $\mathrm{d}t$ 的倍数一样多，因此我们有 $\frac{k}{\mathrm{d}m}=\frac{1}{\mathrm{d}t}$。于是就得到

$$\mathrm{d}\alpha=-\frac{(\alpha-\beta)k}{m}\mathrm{d}t\text{，}\quad \mathrm{d}\beta=\frac{(\alpha-\beta)k}{m}\mathrm{d}t\text{。}$$

并且他认为可以把 k 看作是热传导速度的度量，即两个物体之间的相互热导率，因为 k 随着 $\mathrm{d}m$ 的增加或 $\mathrm{d}t$ 的减少而增加。令 $\alpha-\beta=y$，$\mathrm{d}y=-2(k/m)y\mathrm{d}t$,

$$y=(a-b)\mathrm{e}^{-\frac{2kt}{m}}\text{,}$$

这里 a,b 是两个物体的初始温度，不妨假设 $a>b$，根据 $\mathrm{d}\alpha+\mathrm{d}\beta=0$ 以及 $y=(a-b)\mathrm{e}^{-\frac{2kt}{m}}$ 就可以得到

$$\alpha=\frac{1}{2}(a+b)+\frac{1}{2}(a-b)\mathrm{e}^{-\frac{2kt}{m}}\text{，}\quad \beta=\frac{1}{2}(a+b)-\frac{1}{2}(a-b)\mathrm{e}^{-\frac{2kt}{m}}\text{。}$$

因此，随着时间的增加，两个物体会达到共同温度 $\frac{1}{2}(a+b)$。

在完全解决了两个离散物体的热传导问题之后，傅里叶接着考虑排列在一条直线上的分别具有温度 $a,b,c,\cdots$ 的 n 个相同的离散物体热传导的一般情形，这些

离散物体之间热传导的方式与两个物体之间的情形类似，也是通过无穷薄层来回移动进行热传导的。设在某一时刻 n 个物体的温度分别为 $\alpha,\beta,\gamma,\delta,\cdots,\psi,\omega,$ 经过一轮薄层来回移动后，n 个物体温度的变化量可由以下表达式给出：

$$\mathrm{d}\alpha=\frac{k}{m}\mathrm{d}t[(\beta-\alpha)-(\alpha-\alpha)],$$

$$\mathrm{d}\beta=\frac{k}{m}\mathrm{d}t[(\gamma-\beta)-(\beta-\alpha)],$$

$$\mathrm{d}\gamma=\frac{k}{m}\mathrm{d}t[(\delta-\gamma)-(\gamma-\beta)],$$

……

$$\mathrm{d}\omega=\frac{k}{m}\mathrm{d}t[(\omega-\omega)-(\omega-\psi)]\text{。}$$

他接着寻找到了以下形式的简单模式：

$$\alpha=a_1\mathrm{e}^{ht}\text{，}\quad\beta=a_2\mathrm{e}^{ht},\cdots,\ \omega=a_n\mathrm{e}^{ht}\text{。}$$

关于系数 $a_1,a_2,\cdots$ 的相应方程为

$$a_0=a_1,$$

$$a_1=a_1,$$

$$a_2=a_1(q+2)-a_0,$$

$$a_3=a_2(q+2)-a_1,$$

……

$$a_{n+1}=a_n(q+2)-a_{n-1},$$

$$a_{n+1}=a_n,$$

这里 $q=hm/k$ 。

与负载弦相应的关系完全一致，拉格朗日的《分析力学》所给出的一般解是

$$a_k=A\cos k\varphi+B\sin k\varphi\text{，}$$

类似地，傅里叶给出的这个循环级数的解是

$$a_m=A\sin mu+B\sin(m-1)u\text{。}$$

我们首先由假定 $m=0$ ，然后假定 $m=1$ ，可得 $a_0=-B\sin u, a_1=A\sin u$ 。因此

$$a_m=\frac{a_1}{\sin u}\{\sin mu-\sin(m-1)u\}\text{。}$$

然后在一般方程 $a_m = a_{m-1}(q+2) - a_{m-2}$ 中代入 $a_m, a_{m-1}, a_{m-2}, \cdots$ 的值，则我们得到 $\sin mu = (q+2)\sin(m-1)u - \sin(m-2)u$，比较这个方程和方程

$$\sin mu = 2\cos u \sin(m-1)u - \sin(m-2)u,$$

我们得到 $q = 2(\cos u - 1)$。要满足条件 $a_{n+1} = a_n$，我们可得 $\sin nu = 0$，则 $u_i = i\pi/n$，$i = 0,1,\cdots,n-1$。傅里叶接着把简单模式叠加在一起从而获得了通解，并且他表明，当 $t \to \infty$ 时通解趋向于初始温度的平均值。

在给出了有限个分离物体的微分方程的通解后，傅里叶评论说，当物体的数量趋于无穷，u 趋向于 0 时，$\{\sin mu - \sin(m-1)u\}/\sin u$ 趋向于 $\cos mu$。在《初稿》中，他试图把以上极限解应用于连续加热杆的情形。但他断言：

我们运用的分析学可以用来确定多维物体热传导的规律。但是当把适合于有限个物体的解转化为一个无穷小解时需要复杂的计算。

在 1807 年的论文中，他放弃了《初稿》中的想法，用离散情形的思路解决连续杆情形的热传导。他又考虑了离散物体排列在一个圆的半圆周上的情形，物体的角坐标是 $r\pi/n$，中间的(距离 $\pi/2$ 最近的)物体很快达到了平均温度，在中间点一侧的所有物体都超过了平均温度，而另一侧的所有物体都小于平均温度，所有这些物体所依赖的时间是相同的，见图 5.3。在此情形下再一次应用薄层来回移动的热传导的发生机制。但是在处理相同数量物体的热传导问题时，环形排列的物体就存在着最后一个物体给第一个物体传热的情况，这是环形排列与直线排列的本质不同。换句话说，圆是封闭的，这使得热运动方程以及它的解与直线排列的情形有着根本的不同。在 t 时刻，经过薄层来回移动后，物体温度的一阶差(运动开始时的温度分别为 $\alpha_i, i = 1,2,\cdots,n$)由以下式子给出：

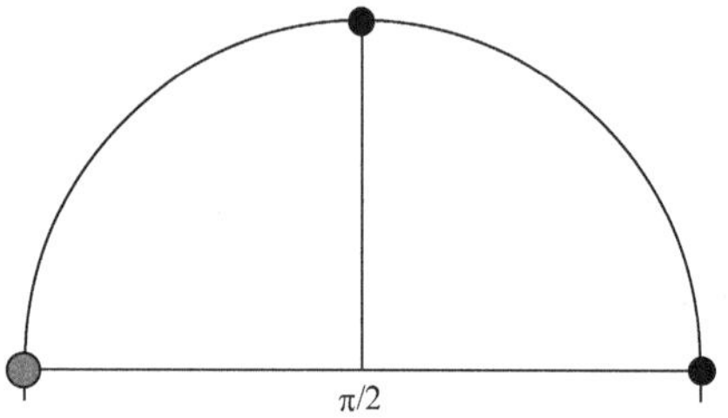

图 5.3

$$\mathrm{d}\alpha_1 = (k/m)(\alpha_n - 2\alpha_1 + \alpha_2)\mathrm{d}t,$$

……

$$\mathrm{d}\alpha_i = (k/m)(\alpha_{i-1} - 2\alpha_i + \alpha_{i+1})\mathrm{d}t,\ i = 2,3,\cdots,n-1,$$

……

$$\mathrm{d}\alpha_n = (k/m)(\alpha_{n-1} - 2\alpha_n + \alpha_1)\mathrm{d}t,$$

这里 ω 是来回移动的薄片的质量，$k = \dfrac{\omega}{\mathrm{d}t}$。傅里叶期望同样的简单模式 $\alpha_i = b_i \mathrm{e}^{ht}$

像直线排列的情形那样服从一个循环级数。这个级数的解可以用 n 个不同形式中的一个来表示，即

$$b_{i,j}=\sin iu_j=\cos iu_j\to\alpha_{i,j}=b_{i,j}\,\mathrm{e}^{h_j t},$$

这里 $u_j=2\pi(j-1)/n$，$j=1,2,\cdots,n$，

$$h_j=(2k/m)(\cos u_j-1)。$$

简单模式的线性组合构成了一个通解

$$\alpha_i=\sum_j(A_j\sin(i-1)u_j+B_j\cos(i-1)u_j)\mathrm{e}^{-\frac{2kt}{m}(1-\cos u_j)},\quad i=1,2,\cdots,n。$$

为了完善上述通解还需要根据 $\alpha_1,\alpha_2,\cdots,\alpha_n$ 的初始值 $a_1,a_2,\cdots,a_n$ 确定 A_j,B_j，$j=1,2,\cdots,n$ 的值。他令时间等于零，给每个方程乘以一个适当的正弦或余弦项并相加，那么等式右边除了包含常数的项外，所有项的和都消失了，这样该常数的值就确定了。最后他获得的通解是

$$\begin{aligned}\alpha_j=&\frac{1}{n}\sum_{i=1}^{n}a_i+\frac{2}{n}\sum_{r=1}^{n}\left[\sin\left((j-1)\frac{2r\pi}{n}\right)\sum_{i=1}^{n}a_i\sin\left((i-1)\frac{2r\pi}{n}\right)\right.\\&\left.+\cos\left((j-1)\frac{2r\pi}{n}\right)\sum_{i=1}^{n}a_i\cos\left((i-1)\frac{2r\pi}{n}\right)\right]\times\mathrm{e}^{-\frac{2kt}{m}\left(1-\cos\frac{2r\pi}{n}\right)},\end{aligned}\tag{5.1}$$

这里 m 是每一个物体的质量，第 r 个物体的初始温度为 a_r，k 是两个物体之间的热导率。

傅里叶接下来的目标是由有限个物体模型通过把 n 变为无穷而得到相应连续情形的模型。拉格朗日就是利用这种方法来分析弦振动问题的。现在还保存的傅里叶热传导著作最早期的版本(1807 年论文的前 80 页，这一部分写于 1805 年左右)显示他以前试图对一条直线上 n 个物体的解考虑极限情形。但是事实上它比式(5.1)还要复杂，他没法求解。毫无疑问，他尝试过对式(5.1)考虑极限情形，从技术上来讲它是可行的，取极限的结果将给出单位环中的热传导方程。但是他遇到了困难。式(5.1)的第一项的极限值是 $\int_0^{2\pi}f(u)\mathrm{d}u$，$f(u)$ 是初始温度(对应于 a_i)。第二项变成了一个无穷级数，第 r 项的 x 分量为

$$\sin rx\int_0^{2\pi}f(u)\sin ru\mathrm{d}u+\cos rx\int_0^{2\pi}f(u)\cos ru\mathrm{d}u。\tag{5.2}$$

现在在 t 分量中，我们取

$$m=\frac{2\pi}{n}。\tag{5.3}$$

因为整个质量为常数，所以极限值为

$$\lim_{n\to\infty}\mathrm{e}^{-\frac{2nkt}{2\pi}\left(\frac{1}{2}\left(\frac{2\pi r}{n}\right)^2+O\left(\frac{1}{n^4}\right)\right)}=1\ (r=1,2,\cdots,n)。\tag{5.4}$$

因为指数式的指数等价于 $\frac{1}{n}$，当 n 增加时，指数趋于 0。这个结果说明环在冷却过程中温度为常数，这显然是不对的。所以在 1802 年到 1803 年间，傅里叶被卡住了，这个工作没有进展。(Grattan-Guinness, 1969)

傅里叶在毕奥工作的启发下，通过构建微分方程表示热运动的方式解决了杆的热传导问题，接着他把这种方法运用到高维物体中，在解决了环的热传导问题之后，他回过头去考虑式(5.1)的极限情形。他用长度元 dx 替代了分离物体的质量。初始温度 $a_1,a_2,\cdots,a_n$ 就变成了关于 x 的任意函数。这里 x 是沿圆弧的距离。我们可以建立以下的替代关系：

n	m	k	a_i	i	α_j	j
$\frac{2\pi}{\delta x}$	δx	$\frac{\pi g}{\delta x}$	$\phi(x)$	$\frac{x}{\delta x}$	$\psi(x,t)$	$\frac{x}{\delta x}$

把和替换为积分，并经过化简后就可以得出

$$\alpha_j\to\psi(x,t)=\frac{1}{2\pi}\int\phi(x)\,\mathrm{d}x+\sum_{j=1}^{\infty}\left[\left(\int\phi(x)\sin jx\mathrm{d}x\right)\sin jx+\left(\int\phi(x)\cos jx\mathrm{d}x\right)\cos jx\right]\mathrm{e}^{-j^2\pi gt}。\tag{5.5}$$

假如外部热传导率等于零，也就是外部不存在热传导的情况下①，这个结果与傅里叶通过构建偏微分方程得到的环中的热运动规律是一致的。傅里叶在《热的解析理论》中写道：“为了得到表示环的热运动的一般方程，无须求助于偏微分方程的分析。这个问题可作为物体的数目有限的问题来解决，然后再假定该数目无穷。这种方法本身具有清晰性，并引导我们最初的研究。”(傅里叶，2008)[129]

那么，是什么原因导致傅里叶在刚开始的研究中没法做到从有限向无限的过渡呢？傅里叶分析道：

为了从分离物体的情况过渡到连续物体的情况，我们假定系数 k 与物体数 n 成比例地增加。数 k 的这种连续变化，是根据我们以前所证明的，即同一棱柱的两个薄片之间所流过的热流与 dv/dx 的值成正比而得到的，x 表示与这个截面对

① 傅里叶并没有指出这一点。

应的横坐标，v 表示温度。的确，如果我们假定系数 k 不是与物体数目成比例地增加，而是对那个系数保持一个常数值，那么一旦 n 为无穷，我们就得到与在连续物体中所看到的相反的结果。热扩散将无限地慢，无论物体以何种方式加热，在一个有限的时间内，某一点的温度都不会发生明显的变化，这与事实矛盾。每当我们要考虑无穷多个分离的导热物体，并希望过渡到连续物体的情况上去时，我们就必须对计算传导速度的系数 k 赋予与组成给定物体的无穷小物体的数目成正比的一个值。(傅里叶，2008)[130]

因此，如果令

$$k=\frac{k'n}{2\pi}, \tag{5.6}$$

这里 k 是常数，t 分量的极限(5.4)可化为

$$\lim_{n\to\infty}\left[\exp\left(-\frac{2k'n}{2\pi}\cdot\frac{nt}{2\pi}\left(\frac{1}{2}\left(\frac{2\pi r}{n}\right)^2+O\left(\frac{1}{n^4}\right)\right)\right)\right]=\mathrm{e}^{-k'r^2t}\quad(r=1,2,\cdots,n), \tag{5.7}$$

从而得到与(5.5)一致的解

$$v=\frac{1}{2\pi}\int_0^{2\pi}f(u)\mathrm{d}u+\frac{1}{\pi}\sum_{r=1}^{\infty}\left[\sin rx\int_0^{2\pi}f(u)\sin ru\mathrm{d}u+\cos rx\int_0^{2\pi}f(u)\cos ru\mathrm{d}u\right]\mathrm{e}^{-k'r^2t}。 \tag{5.8}$$

傅里叶最后指出，如果在一般方程(5.5)中让时间等于零，则得到的公式就是他已经获得的任意函数的展开式，这个展开式就是 0 到 2π 区间上以 2π 为周期的多重弧的正弦与余弦的和。

仔细阅读《热的解析理论》的读者一定会对傅里叶在整个著作中大篇幅地讨论离散物体之间的热传导疑惑不解，乍一看，这一讨论似乎对著作的其他部分没有什么价值。进一步的研究揭示了两个真实的联系：首先，在这一部分中，傅里叶表明，由纯代数方法获得的有限个物体环形排列的有关热传导的结论在取极限的情形下，和前一部分利用纯解析方法获得的连续环的有关热传导的结论是一致的。这就为连续环的有关热传导的结论提供了一个独立的证明。其次，同样的极限过程导出了以 2π 为周期的周期函数的解析表达式，这个表达式是 0 到 2π 区间上关于 x 的多重弧的正弦与余弦的表达式，即通过对离散物体热传导的研究也可以产生傅里叶级数。很可能，傅里叶是通过对离散物体热传导的研究开始其热理论研究的。

5.4 傅里叶对连续物体热传导的研究

一个较为普遍的观点是，毕奥1804年的论文《热传导以及一种简单而精确地度量温度的新方法》对傅里叶热传导的研究产生了很大的影响。但到底产生了什么样的影响呢？研究者们的观点是不一致的。达里戈尔认为，“1804年傅里叶看到了毕奥的一篇关于热传导的简短论文。傅里叶的所有相关的手稿似乎都出现于这个日期之后。从这点来看，毕奥的思考激发了傅里叶的思考与实验似乎是可信的；读完毕奥的文章后，傅里叶可能也被毕奥所面临的困难卡住了，因此他决定研究离散模式的热传导，从而避开这一困难。”（Darrigol，2007）按照达里戈尔的观点，毕奥的论文启发傅里叶开始了热传导的研究，而这个研究开始于离散模式。G. 吉尼斯认为，“傅里叶在1802年到1803年期间就已经开始了离散情形下热传导的研究，但当他试图由有限个物体的模型通过把n变为无穷而得到相应连续情形的模型时，他被卡住了。而毕奥1804年的论文启发傅里叶直接考虑连续情形下的热传导问题。”（Grattan-Guinness, 1969）按照G. 吉尼斯的观点，毕奥的论文促使傅里叶的研究重点从离散模式向连续模式转换，但在阅读毕奥的论文之前，傅里叶就已经开始了热传导的研究。J. 赫里韦尔也有类似的观点，“毕奥1804年的关于热传导的论文刺激傅里叶把注意力从研究离散物体间的热传导转向研究实际问题——连续物体的热传导。”（Herivel, 1975）

傅里叶最早的关于热传导研究的论文是完成于1804—1805年间的《初稿》。《初稿》中主要研究了三个问题：首先讨论了排列在一条直线上的有限个离散物体的热运动，1807年的论文、获奖论文以及《热的解析理论》都出现了对该问题的论述；其次讨论了边界和一端保持固定温度的半无穷矩形薄片问题。他对这个问题的处理第一次把三角展开式运用于热理论，并且运用纯代数方式确定了余弦展开式中各项的系数。在处理半无穷矩形薄片之前给出了一维、二维、三维物体一般情形下非稳定状态热运动的偏微分方程。这些方程是不正确的，在涉及温度随时间变化的项中遗漏了比热，方程中出现了对应于立体表面散失的热量的项。尽管傅里叶不能肯定后者是否应当出现在方程中。半无穷矩形薄片的情形避免了这些错误，因为温度的分布是稳定的，边界和一端的温度是固定的，这样就不需要单独考虑热量的散失；最后还包含了对一端加热的细长杆温度分布问题的未完成的且在很大程度是错误的处理。J. 赫里韦尔认为就在傅里叶准备发表自己的论文时，他看到了毕奥1804年的关于热传导的论文。但似乎没有足够的证据支持这个观点。是《初稿》的完成在先还是看到毕奥的论文在先，由目前发现的资料难以界定。因此，毕奥1804年的关于热传导的论文刺激傅里叶把注意力从研究离散物体间的热传导转向研究连续物体的热传导，而这个研究开始于离散模式等一些观点都是值得怀疑的，或者说这些观点仍然缺乏强有力的证据。

那么毕奥的论文对傅里叶热传导的研究产生了什么影响呢？为了比较准确地回答这一问题，我们有必要先讨论毕奥 1804 年的论文。

1804 年，毕奥发表了一篇论文讨论了一端①保持固定温度的杆的热分布问题。他对这种现象的理解基于牛顿的冷却原理——杆上分子向周围空气中辐射的热量正比于它与周围空气的温差。在稳定状态的情形下，分子散失的热量正好与从较热部分得到的热量相抵消。这种情形可以用一个二阶线性常微分方程来表示，它可以利用已有的技巧求解。在与时间有关的情况下，热交换不会是平衡的，会出现一个净的外部热量的散失，这样就产生了一个二阶线性偏微分方程。

毕奥对这个问题仅仅作了以上简明的理论表述；他没有给出相关的数学分析。与时间有关的问题似乎彻底难住了他，事实上，不管是理论还是实验都无助于这个问题的解决。我们能够判断出他所遇到的困难，因为他在 12 年之后发表的物理论文中暗示了这些困难。他得到的常微分方程

$$K\frac{\mathrm{d}^2v}{\mathrm{d}x}-hv=0$$

（v 表示距离加热端为 x 的点的温度，K,h 分别为内热导率与外热导率）是没有意义的，因为它“不满足齐次性”。毕奥说：

当我们构建方程时，如果我们假设杆中的每一微小部分仅仅获得了在它前面并与它接触的部分传递的热，而仅仅把热传向在它后面并与它接触的部分，那么微分就不满足齐次性法则。这个困难只有在拉普拉斯的假设下才能克服。(Bottazzini, 1986)

毕奥 1804 年论文的理论论证纯粹是定性的。对同一问题试图量化处理的首次尝试包含在傅里叶《初稿》中的第三章。他考虑了杆上的三个连续部分，温度分别为 y_1,y_2,y_3，假设其他的条件相同，从左边部分进入中间部分的热正比于 y_1-y_2 或 δy_1，从中间部分传递向右边部分的热正比于 y_2-y_3 或 δy_2。因此中间部分剩下的净热量正比于 $\delta y_1-\delta y_2$ 或 $\delta^2 y_2$。但是因为杆保持稳定状态，所以中间部分得到的净热量应当与中间部分的表面向空气中辐射出去的热量相等。假定空气温度为零，则从表面辐射出去的热量正比于中间部分的温度 y_2，假设散热过程符合牛顿冷却法则，则得到热平衡状态下的表达式为 $\delta^2 y_2=y_2$。这就出现了一个难以克服的困难，左边是一个小量的二阶项，而右边是小量的零阶项。这就是毕奥所说的不满足齐次性的困难。因此必须考虑别的因素。首先，傅里叶认为，一个圆柱

① 这一端放在火炉上。

薄片有一个后继的薄片与空气或介质相接触。这就使方程的右边出现了δx项。现在方程关于量的阶数仍然是不平衡的。傅里叶又提出了一条很奇妙的假设，因为有热流通过的连续薄片“无穷地薄”，所以热在薄片间传递的容易程度远远大于它通过杆的表面向空气中散失的容易程度。这样就在方程的左边也产生一个额外项δx，于是产生了一个正确的方程$\dfrac{\delta^2 y}{\delta x^2}=ky$（$k$ 表示常数）①。傅里叶在写给一个不知名的通信者(有人怀疑是拉格朗日)的信中说：

当毕奥考虑达到稳定状态的一个固体的简单情形时，他得出了一个方程，但这个方程的项是无法比较的(这就是毕奥所碰到的解析困难)。这是由于对建立演算关注不够造成的而不是由问题本身的困难所引发。令x表示薄层与火炉之间的距离，y表示温度，薄层传递到空气中的热量并不是一个正比于y的有限项，而是微分项$Chy\mathrm{d}x$，C表示截面的周长，h度量了外部导热性能，$\mathrm{d}x$表示截面的厚度。从一个截面传递到另一个截面的热量不应当用正比于$\mathrm{d}y$的微分项去表示，这是一个有限量，这个有限量是x的函数，这是非常显然的，因为穿过一个截面的热量正好弥补了从表面其他地方散发出去的热量。因此，毕奥把一个微分量表示为一个有限量，同时，他把一个有限量表示为一个微分量，这是双重的违反规则，这种双重的遗漏卡住了他。(Herivel, 1975)[305-306]

从这封信中我们可以发现，傅里叶对毕奥论文中不满足“齐次性”的困难十分清楚，从《热的解析理论》中我们也可以看到他对毕奥所面临的困难的重视。他在第一章导言中第五节的 74 目中建立了由相距为$\mathrm{d}x$的两个平行平面构成的薄片在稳定状态下的热传导方程为$8hlv\mathrm{d}x=4l^2Kd(\mathrm{d}v/\mathrm{d}x)$。在 75 目中，他强调说：

这个方程无论以什么方式组成，我们都有必要注意，进入其厚度为$\mathrm{d}x$的这个薄层的热量都有一个有限值，它的精确表达式是$-4l^2k(\mathrm{d}v/\mathrm{d}x)$。由于这个薄层包围在两个表面之间，其中第一个有温度v，第二个有较低温度v'，所以我们看到，它通过第一个面所得到的热量依赖于差$v-v'$，并且与它成正比，但是，这个注记还不足以完成这个计算。所讨论的这个量不是一个微分，它是一个有限值，因为它等价于经过位于这个截面右边这一棱柱的那部分表面所逃逸的全部热量。为了形成关于它的精确思想，我们应当比较其厚度为$\mathrm{d}x$的薄层和由其距离为e、并且保持不相等温度a和b的两个平行平面所限定的固体。经过较热的面而进入这样一个棱柱的热量事实上与极端温度的差$a-b$成正比，但是它不仅仅依赖于这个差：由于所有条件相同，所以当棱柱愈厚时，它就愈少，一般地，它与$(a-b)/e$成

---

① 毫无疑问，傅里叶对这个推导不满意。尽管这个方程很简单，但事实上他并没有试图去求解这个方程，这可能与他对这个方程的推导过程不满意有关。还有一种观点认为在当时傅里叶不能确定方程右边是正的还是负的。

正比。这就是为什么经过第一个面而进入其厚度为 dx 的薄层的热量与 $(v-v')/\mathrm{d}x$ 成正比的原因。

我们强调这个注记，因为忽视它是建立这一理论的第一个障碍。如果我们不对这个问题作彻底的分析，那么我们得到的方程就不是齐次的，更遑论建立表示更复杂情况的热运动方程了。(傅里叶，2008)[22-23]

以上证据表明，毕奥所面临不满足“齐次性”的困难对傅里叶热传导研究产生了不小的影响。解决这一困难成为傅里叶常常需要考虑的问题。事实上，对于毕奥所面临的困难的深刻理解导致了《热的解析理论》的形成。我们将在以下篇幅中回顾傅里叶对这一困难的解决过程。

傅里叶在 1804 年的《初稿》中错误地推导出了稳定状态下细长杆的热运动方程(即毕奥所考虑过的问题)，没有认识到需要一个精确的量表示任一截面的热流量。傅里叶在写 1807 年的论文之前花了两年时间开展了一系列实验，这些实验重复了以前在英国、法国、德国曾经有人做过的所有重要的实验，也增加了一些与固体、液体中热传导有关的他自己的实验。他希望通过实验研究来解决加热杆问题方面的困难。如果说这些实验最初是为了解释与加热杆有关的特殊问题的话，它们最终为傅里叶完全精通热传导现象的物理属性发挥了巨大的作用。通过两年的实验研究，傅里叶提出了热通量的概念，这一概念的提出从根本上解决了毕奥所面临的困难。

热通量的概念第一次出现于 1807 年的论文中，在这篇论文中，他提出了这样的假设——单位时间内经过单位面积的热流量(即热通量)正比于温度梯度以及内部热导率 K (依赖于问题中的物质)。有了这个结果后，他接着考虑横截面为正方形的杆，由于正方形的边长足够小，垂直于杆的截面上任何点的温度都可以假定为定值。把棱柱沿垂直于杆长的方向分成厚度为 δx 的无穷多个部分。他考虑在 $x, x+\delta x, x+2\delta x$ 处的三个连续薄片，它们的温度分别为 y, y', y''。从第一个薄片流过中间薄片的热通量为

$$-K\cdot 4l^2(y'-y)/(\delta x) = -4Kl^2(\mathrm{d}y/\mathrm{d}x)\ ;$$

从中间薄片流向右边薄片的热通量为

$$-K\cdot 4l^2(y''-y')/(\delta x) = -4Kl^2(\mathrm{d}y'/\mathrm{d}x)\ 。$$

因此，中间薄片净获得的热量为 $4Kl^2\mathrm{d}(\mathrm{d}y/\mathrm{d}x)$，中间薄片向空气中散失的热量为 $8l\mathrm{d}xhy$，h 为外部热导率系数。因此对于稳定状态来讲，就有

$$4Kl^2\mathrm{d}\left(\frac{\mathrm{d}y}{\mathrm{d}x}\right) = 8l\mathrm{d}xhy\ ,$$

即

$$\frac{d^2y}{dx^2}=\frac{2h}{Kl}y。$$

很明显，$(d^2y/dx^2)/y$ 肯定是正值，而早期的处理没有办法排除负值的可能性。有了热通量的概念后，毕奥所面临的困难会迎刃而解，毕奥的错误在于假定热流正比于温差，而不是温度梯度。傅里叶在 1807 年的论文中对细杆问题的处理建立在热通量正确表达式的基础之上，给出了正确的热运动方程。

然而，傅里叶在 1807 年的论文中对热通量的处理采用了“三个薄片”的方法，J. 赫里韦尔认为，此时傅里叶对热通量概念的认识仍然不是十分清晰的，在连续两个薄片之间有热交换还不能真正地讨论热通量的问题，因为热通量只有在一定的几何体中才可以讨论而在广延的两部分之间无法讨论。在大约写于 1810 年的一封信中，傅里叶用单一薄片的方式解决了加热细杆的问题。(Herivel, 1975)[307-315] 这个单一薄片的两个横截面分别在 x 与 $x+\delta x$ 处。现在他考虑距离为 x 处的截面，用 z 表示单位时间从截面左侧进入右侧的热量。因为杆的温度是稳定的，那么 z 一定等于同一时间在 x 右侧表面上散失的热量。如果 x' 是 x 右侧的另一截面，z' 对应于 z，$z-z'$ 即单位时间内截面分别介于 x 与 x' 之间的表面散失的热量。如果 $x'=x+\delta x$，那么就有 $\delta z=-chy\delta x$，即 $dz/dx=-chy$，c 表示垂直于杆的截面的周长，y 表示 x 点处的温度，要确定稳定状态下方程的温度分布只需要确定 z。

可以说，从傅里叶首次提出热通量概念到在信中清晰地阐述经历了大约 5 年的时间。由于拉普拉斯、毕奥和泊松等人不接受热通量这一概念，从而刺激傅里叶把热通量概念表述得更加精确并能被物理学家所接受。

热通量这个概念是对固体热传导物理本质深刻洞察的结果，它是一个极其重要而又新颖的概念。如果不知道热通量的函数表达式的话，那么细杆问题——同时也意味着所有其他更为复杂的问题必将得不到合理的解决。发现热通量的正确表达式对傅里叶来说意味着发现了打开建立固体内部热传导方程大门的钥匙。

傅里叶提出的热通量概念是一步步解决毕奥所面临的“齐次性”困难的产物。

第 6 章　傅里叶级数的建立

振动弦中的泛音与热传导中的部分模式具有相同程度的物理现实性。如果我们能够感觉到这些热传导现象中发生的状况，那么我们可以把它们比作泛音的共鸣。

——傅里叶

傅里叶通过热传导的研究建立了傅里叶分析。本章将梳理傅里叶对热传导问题的理想化处理、热传导方程的建立及求解过程，梳理他通过高超的代数方法求解无穷维线性方程组的过程，分析他如何把特殊情形下的三角级数向一般情形拓展的过程。同时在研读《热的解析理论》及相关原始文献的基础上，探讨傅里叶成功创建其级数理论的原因，尝试回答“为什么拉格朗日等人错失发现傅里叶级数的机会”等问题，最后讨论傅里叶级数优先权的争论以及它的严格化。

6.1　傅里叶级数建立的过程

6.1.1　傅里叶把一个常数展开为余弦级数

傅里叶在 1804 年的《初稿》中就已经讨论了边界和一端保持固定温度的半无穷矩形薄片问题。他对这个问题的处理第一次把三角展开式运用于热理论，并且运用纯代数方式确定了余弦展开式中各项的系数。

假定一个无穷长矩形薄片 BAC 在基底 A 被加热，基底的所有点都保持恒温 1，同时与基底 A 垂直的两个无穷边 B 和 C 在每一点仍然受恒温 0 的作用，见图 6.1。我们需要确定这个薄片任一点的驻温(stationary temperature)。(傅里叶，1993)[121] 傅里叶的思考过程如下(图 6.2)：

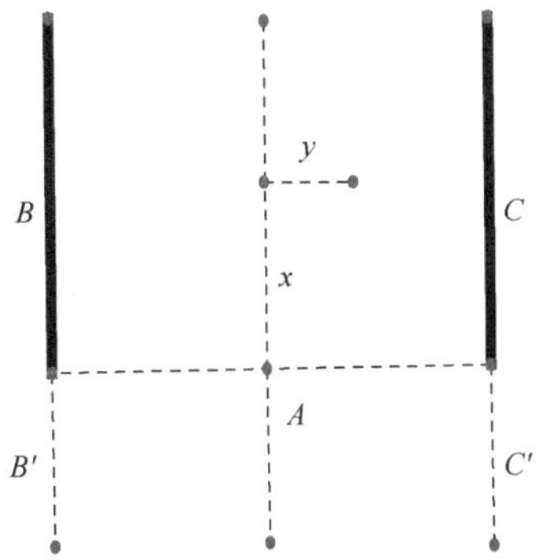

图 6.1

他首先假设这个薄片的表面不失热，取直线 Ax 为 x 轴，任一点 m 的坐标是 x 和 y；设薄片的宽度为 π。他建立了该问题的热传导方程

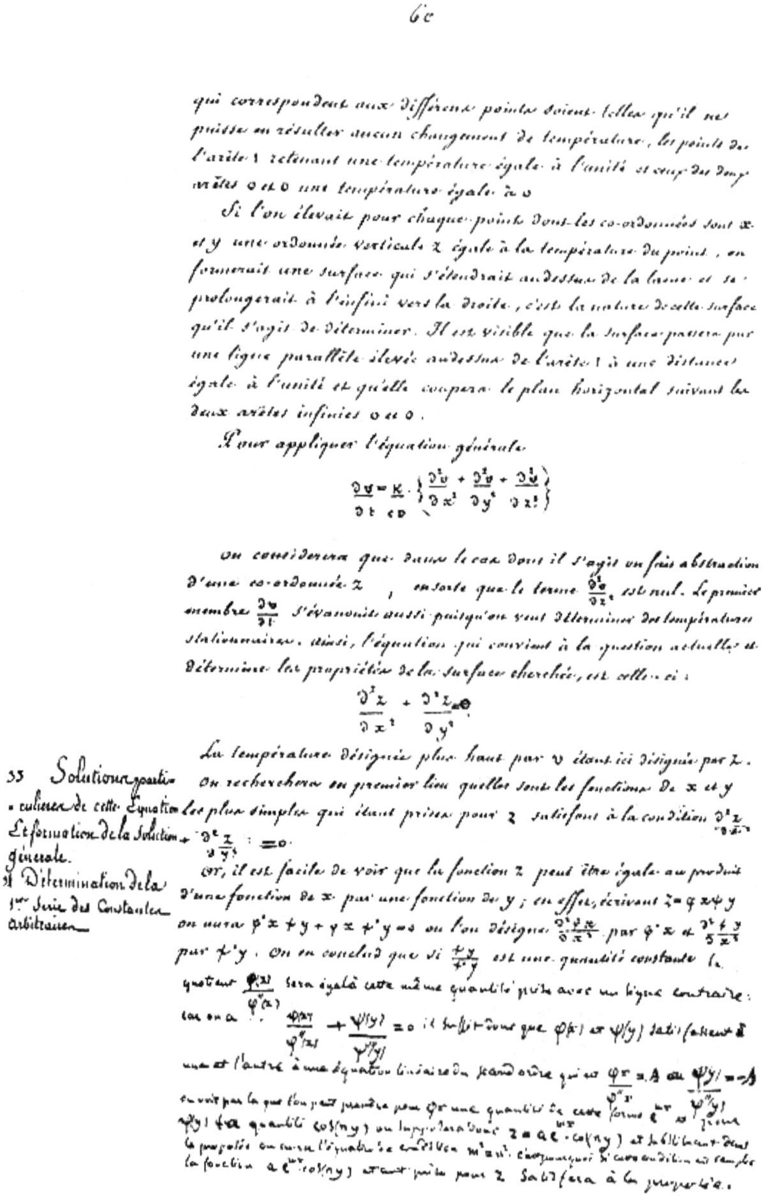

6e

qui correspondent aux différens points soient telles qu'il ne puisse en résulter aucun changement de température, les points de l'arête 1 retenant une température égale à l'unité et ceux des deux arêtes o et o une température égale à o

Si l'on élevait pour chaque point dont les co-ordonnées sont x et y une ordonnée verticale z égale à la température du point, on formerait une surface qui s'étendrait au dessus de la lame et se prolongerait à l'infini vers la droite, c'est la nature de cette surface qu'il s'agit de déterminer. Il est visible que la surface passera par une ligne parallèle élevée au dessus de l'arête 1 à une distance égale à l'unité et qu'elle coupera le plan horizontal suivant les deux arêtes infinies o et o.

Pour appliquer l'équation générale

$$\frac{\partial v}{\partial t}=\frac{K}{CD}\left\{\frac{\partial^2 v}{\partial x^2}+\frac{\partial^2 v}{\partial y^2}+\frac{\partial^2 v}{\partial z^2}\right\}$$

on considérera que dans le cas dont il s'agit on fait abstraction d'une co-ordonnée z, en sorte que le terme $\frac{\partial^2 v}{\partial z^2}$ est nul. Le premier membre $\frac{\partial v}{\partial t}$ s'évanouit aussi puisqu'on veut déterminer des températures stationnaires. ainsi, l'équation qui convient à la question actuelle et détermine les propriétés de la surface cherchée, est celle-ci :

$$\frac{\partial^2 z}{\partial x^2}+\frac{\partial^2 z}{\partial y^2}=0.$$

33 Solutions particulières de cette Équation Et formation de la Solution générale. La température désignée plus haut par v étant ici désignée par z. On recherchera en premier lieu quelles sont les fonctions de x et y les plus simples qui étant prises pour z satisfont à la condition $\frac{\partial^2 z}{\partial x^2}+\frac{\partial^2 z}{\partial y^2}=0$.

34 Détermination de la 1re Série des Constantes arbitraires

Or, il est facile de voir que la fonction z peut être égale au produit d'une fonction de x par une fonction de y ; en effet, écrivant $z=\varphi x\psi y$ on aura $\varphi'' x\psi y+\varphi x\psi'' y=0$ en l'on désigne $\frac{\partial^2\varphi x}{\partial x^2}$ par $\varphi'' x$ et $\frac{\partial^2\psi y}{\partial x^2}$ par $\psi'' y$. On en conclud que si $\frac{\psi y}{\psi'' y}$ est une quantité constante le quotient $\frac{\varphi(x)}{\varphi''(x)}$ sera égal à cette même quantité prise avec un signe contraire: car on a $\frac{\varphi(x)}{\varphi''(x)}+\frac{\psi(y)}{\psi''(y)}=0$ il suffit donc que $\varphi(x)$ et $\psi(y)$ satisfassent l'une et l'autre à une équation linéaire du second ordre qui est $\frac{\varphi x}{\varphi'' x}=A$ ou $\frac{\psi y}{\psi'' y}=-A$ on voit par là que l'on peut prendre pour φx une quantité de cette forme e^{mx} et $\psi(y)$ la quantité $\cos(ny)$ on supposera donc $z=ae^{mx}\cos(ny)$ et substituant dans la propriété on aura l'équation de condition $m^2=n^2$. [illegible] la fonction $ae^{mx}\cos(ny)$ étant prise pour z satisfera à la propriété.

图 6.2　傅里叶解决矩形薄片问题的手稿

$$\frac{\mathrm{d}^2 v}{\mathrm{d}x^2}+\frac{\mathrm{d}^2 v}{\mathrm{d}y^2}=0,\quad v\left(x,\pm\frac{\pi}{2}\right)=0,\quad v(0,y)=1\text{。}\tag{6.1}$$

傅里叶利用变量分离的方法[①]设 $v = F(x)f(y)$，则有 $\frac{F''(x)}{F(x)} + \frac{f''(y)}{f(y)} = 0$。令 $\frac{F''(x)}{F(x)} = m^2$，$\frac{f''(y)}{f(y)} = -m^2$，则 $F(x) = \mathrm{e}^{-mx}$，$f(x) = \cos my$。当 x 无穷大时，温度 v 不可能无穷，因此，m 只能取正数。再考虑边界条件 $v\left(x, \pm\frac{\pi}{2}\right) = 0$，$m$ 就必须取数列 $1, 3, 5, 7, \cdots$ 中的某一项。

他把“简单模式” $\mathrm{e}^{-mx}\cos my$ 叠加起来就得到了一般解

$$v(x, y) = a\mathrm{e}^{-x}\cos y + b\mathrm{e}^{-3x}\cos 3y + c\mathrm{e}^{-5x}\cos 5y + d\mathrm{e}^{-7x}\cos 7y + \cdots, \tag{6.2}$$

把边界条件 $v(0, y) = 1$ 代入式(6.2)可得

$$1 = a\cos y + b\cos 3y + c\cos 5y + d\cos 7y + \cdots。 \tag{6.3}$$

傅里叶现在面临着把一个常数展开为余弦和的问题，余弦中的角度是自变量的奇数倍。欧拉、丹尼尔 · 伯努利以及拉格朗日都解决了类似的问题。一般地，他们都承认三角级数表示的函数在三角展开式有效的区间内是解析的。如果傅里叶知道欧拉 1753 年关于这一主题的论文,那么他就没必要担心超越了当时分析学认可的范围。他唯一的问题就是找到计算系数的方法。由于他没有阅读拉格朗日关于声音的论文以及欧拉 1777 年的论文,因此他不知道建立在简单模式正交基础上的方法，但他依靠自己高超的代数方法求解了无穷维线性方程组，这个无穷维线性方程组是通过让开始状态时余弦和中的导数与函数泰勒展开式中的导数相等而得到的。(Darrigol, 2007)

傅里叶是如何找到系数的值呢？他所采用的方法引导后来的数学家创建了无限矩阵理论。

他对式(6.3)进行连续的求导，并且让 y 等于 0，这样就产生了一个无穷维的线性方程组：

$$\begin{aligned}
1 &= a + b + c + d + e + f + \cdots, \\
0 &= a + 3^2 b + 5^2 c + 7^2 d + 9^2 e + 11^2 f + \cdots, \\
0 &= a + 3^4 b + 5^4 c + 7^4 d + 9^4 e + 11^4 f + \cdots, \\
0 &= a + 3^6 b + 5^6 c + 7^6 d + 9^6 e + 11^6 f + \cdots, \\
0 &= a + 3^8 b + 5^8 c + 7^8 d + 9^8 e + 11^8 f + \cdots, \\
0 &= a + 3^{10} b + 5^{10} c + 7^{10} d + 9^{10} e + 11^{10} f + \cdots, \\
&\cdots\cdots
\end{aligned} \tag{6.4}$$

① 很可能他是在 1795 年到 1798 年在巴黎多科工艺学校担任蒙日助教期间学到了这种方法，参考文献(Grattan-Guinness, 1969)。

他通过求解由前 n 个方程构成的方程组，方程组中的每一个方程的右边由前 n 个未知数、前 n 个常数构成，左边仍然是原来的常数，然后通过在方程组的解中让 n 趋于无穷的方法得到了式(6.4)的解。每一个系数都表示为整数的无穷乘积的商，再根据沃利斯定理他获得了每一个系数的值，即有

$$\frac{\pi}{4}=\cos y-\frac{1}{3}\cos 3y+\frac{1}{5}\cos 5y-\frac{1}{7}\cos 7y+\frac{1}{9}\cos 9y-\cdots, \tag{6.5}$$

于是傅里叶构造出了式(6.1)的解

$$\frac{1}{4}\pi v=\mathrm{e}^{-x}\cos y-\frac{1}{3}\mathrm{e}^{-3x}\cos 3y+\frac{1}{5}\cos 5y-\frac{1}{7}\mathrm{e}^{-7x}\cos 7y+\cdots。 \tag{6.6}$$

6.1.2 傅里叶把 $[0,\pi]$ 上的任一函数展开为正弦级数

在《热的解析理论》中，傅里叶在给出式(6.3)中 $a,b,c,d,\cdots$ 的值之后，他写道：

虽然我们刚才已经给出这些系数的值，但此处我们只处理了一个更一般问题的一个个别情况，这个更一般的问题在于以多重弧的正弦或余弦的无穷级数来展开任一函数。该问题与偏微分方程理论相联系，并且，自那种分析产生以来，人们就一直试图解决它。为了对热传导方程进行积分，我们有必要解决这个问题。(傅里叶，2008)[77]

接下来傅里叶面临的挑战就是将一个常数展开为余弦级数的方法扩展到任意的无穷可微函数上。他首先从奇函数的情形寻找突破口。设

$$\phi(x)=a\sin x+b\sin 2x+c\sin 3x+d\sin 4x+\cdots, \tag{6.7}$$

在这个方程中需要确定系数 $a,b,c,d,\cdots$ 的值。傅里叶先把方程写为

$$\phi(x)=x\phi'(0)+\frac{x^2}{2!}\phi^{(2)}(0)+\frac{x^3}{3!}\phi^{(3)}(0)+\frac{x^4}{4!}\phi^{(4)}(0)+\frac{x^5}{5!}\phi^{(5)}(0)+\cdots, \tag{6.8}$$

由于 $\phi(x)$ 的展开式中只含变量的奇数次幂，因此 $\phi(x)$ 可表示为

$$\phi(x)=Ax-B\frac{x^3}{3!}+C\frac{x^5}{5!}-D\frac{x^7}{7!}+E\frac{x^9}{9!}-\cdots, \tag{6.9}$$

结合式(6.8)与式(6.9)可知

$$\begin{aligned}&\phi(0)=0, \quad \phi'(0)=A,\\ &\phi^{(2)}(0)=0,\ \phi^{(3)}(0)=-B,\\ &\phi^{(4)}(0)=0,\ \phi^{(5)}(0)=C,\\ &\phi^{(6)}(0)=0,\ \phi^{(7)}(0)=-D,\\ &\cdots\cdots\end{aligned} \tag{6.10}$$

对式(6.8)与式(6.9)连续求导，并代入 $x=0$ 可得

$$\begin{aligned}
A &= a+2b+3c+4d+5e+\cdots,\\
B &= a+2^3b+3^3c+4^3d+5^3e+\cdots,\\
C &= a+2^5b+3^5c+4^5d+5^5e+\cdots,\\
D &= a+2^7b+3^7c+4^7d+5^7e+\cdots,\\
E &= a+2^9b+3^9c+4^9d+5^9e+\cdots,\\
&\cdots\cdots
\end{aligned}\tag{6.11}$$

式(6.11)实质上是一个无穷维的线性方程组。如何求解无穷维的线性方程组呢？傅里叶的思路是：

为确定它们，我们首先把未知数的目看作是有限的，且等于 m；因此我们删去前 m 个方程之后的所有方程，并且从每个方程中略去右边我们保留的前 m 项之后的所有项。由于给定总数 m，所以系数 $a,b,c,d,e,\cdots$ 可以由消元产生。如果方程和未知数数目一个一个地增大，那么同一个量可以得到不同的值。因此这些系数的值随我们要确定的系数的个数及未知数的数目的变化而变化。我们需要求出当方程的数目增加时，未知数的值不断收敛的极限。这些极限是满足前面那些方程的未知数在其数目无穷时的真正值。(傅里叶，2008)[77-78]

不妨设

$$a_1=A_1,\quad \begin{aligned}&a_2+2b_2=A_2,\\&a_2+2^3b_2=B_2,\end{aligned}\quad \begin{aligned}&a_3+2b_3+3c_3=A_3,\\&a_3+2^3b_3+3^3c_3=B_3,\\&a_3+2^5b_3+3^5c_3=C_3,\end{aligned}$$

$$\begin{aligned}&a_4+2b_4+3c_4+4d_4=A_4,\\&a_4+2^3b_4+3^3c_4+4^3d_4=B_4,\\&a_4+2^5b_4+3^5c_4+4^5d_4=C_4,\\&a_4+2^7b_4+3^7c_4+4^7d_4=D_4,\end{aligned}\quad \begin{aligned}&a_5+2b_5+3c_5+4d_5+5e_5=A_5,\\&a_5+2^3b_5+3^3c_5+4^3d_5+5^3e_5=B_5,\\&a_5+2^5b_5+3^5c_5+4^5d_5+5^5e_5=C_5,\\&a_5+2^7b_5+3^7c_5+4^7d_5+5^7e_5=D_5,\\&a_5+2^9b_5+3^9c_5+4^9d_5+5^9e_5=E_5,\\&\cdots\cdots\end{aligned}\tag{6.12}$$

傅里叶通过消元得到了 a_i,b_i,c_i,d_i,e_i 的递推公式。那么

$$a=\lim_{i\to\infty}a_i,\quad b=\lim_{i\to\infty}b_i,\quad c=\lim_{i\to\infty}c_i,\quad \cdots,$$

$$a=\frac{a_1}{\prod\limits_{n=2}^{\infty}\left(n^2-1\right)},\quad b=\frac{b_2}{\prod\limits_{n=3}^{\infty}\left(n^2-2^2\right)},\quad c=\frac{c_3}{\prod\limits_{n=4}^{\infty}\left(n^2-3^2\right)},\quad d=\frac{d_4}{\prod\limits_{n=5}^{\infty}\left(n^2-4^2\right)},\tag{6.13}$$

为了确定 $a,b,c,d,e,\cdots$ 的值，现在需要确定 $a_1,b_2,c_3,d_4,e_5,\cdots$ 的值。根据方程

(6.12)，$a_1=A_1$，b_2 由包含 A_2,B_2 的两个方程确定，同理，c_3 由包含 A_3,B_3,C_3 的三个方程确定，……，在利用消元并通过取极限得到 $a,b,c,d,e,\cdots$ 的同时，可得

$$
\begin{aligned}
&a_1\frac{1}{\prod\limits_{n=2}^{\infty}n^2}=A-BP_1+CQ_1-DR_1+ES_1-\cdots,\\
&2b_2\frac{\left(1^2-2^2\right)}{\prod\limits_{n=1,n\neq 2}^{\infty}n^2}=A-BP_2+CQ_2-DR_2+ES_2-\cdots,\\
&3c_3\frac{\left(1^2-3^2\right)\left(2^2-3^2\right)}{\prod\limits_{n=1,n\neq 3}^{\infty}n^2}=A-BP_3+CQ_3-DR_3+ES_3-\cdots,\\
&4d_4\frac{\left(1^2-4^2\right)\left(2^2-4^2\right)\left(3^2-4^2\right)}{\prod\limits_{n=1,n\neq 4}^{\infty}n^2}=A-BP_4+CQ_4-DR_4+ES_4-\cdots,\\
&\cdots\cdots
\end{aligned}
\tag{6.14}
$$

其中

$$
P_n=\sum_{i=1,i\neq n}^{\infty}\frac{1}{i^2},\quad Q_n=\sum_{i,j=1,i\neq j,j\neq n}^{\infty}\frac{1}{i^2\cdot j^2},
$$

$$
R_n=\sum_{\substack{i,j,k=1\\ i,j,k\text{互不相等}\\ i,j,k\neq n}}^{\infty}\frac{1}{i^2\cdot j^2\cdot k^2},\quad S_n=\sum_{\substack{i,j,k,l=1\\ i,j,k,l\text{互不相等}\\ i,j,k\neq n}}^{\infty}\frac{1}{i^2\cdot j^2\cdot k^2\cdot l^2},\cdots,
$$

令

$$
P=\sum_{i=1}^{\infty}\frac{1}{i^2},\quad Q=\sum_{i,j=1;i\neq j}^{\infty}\frac{1}{i^2\cdot j^2},
$$

$$
R=\sum_{\substack{i,j,k=1\\ i,j,k\text{互不相等}}}^{\infty}\frac{1}{i^2\cdot j^2\cdot k^2},\quad S=\sum_{\substack{i,j,k,l=1\\ i,j,k,l\text{互不相等}}}^{\infty}\frac{1}{i^2\cdot j^2\cdot k^2\cdot l^2},\cdots,
$$

傅里叶根据

$$
\frac{\sin x}{x}=1-\frac{x^2}{3!}+\frac{x^4}{5!}-\frac{x^6}{7!}+\cdots=\left(1-\frac{x^2}{1^2\pi^2}\right)\left(1-\frac{x^2}{2^2\pi^2}\right)\left(1-\frac{x^2}{3^2\pi^2}\right)\left(1-\frac{x^2}{4^2\pi^2}\right)\cdots
$$

得到 $P=\dfrac{\pi^2}{3!}$，$Q=\dfrac{\pi^4}{5!}$，$R=\dfrac{\pi^6}{7!}$，$S=\dfrac{\pi^8}{9!},\cdots$, 由于

$$1-qP_n+q^2Q_n-q^3R_n+q^4S_n-\cdots=\prod_{i=1,i\neq n}^{\infty}\left(1-\frac{q}{i^2}\right),$$

$$\left(1-\frac{q}{n^2}\right)\left(1-qP_n+q^2Q_n-q^3R_n+q^4S_n-\cdots\right)=1-qP+q^2Q-q^3R+q^4S-\cdots,\quad(6.15)$$

根据式(6.15)可求得

$$\begin{aligned}
P_n&=P-\frac{1}{n^2},\\
Q_n&=Q-\frac{1}{n^2}P+\frac{1}{n^4},\\
R_n&=R-\frac{1}{n^2}Q+\frac{1}{n^4}P-\frac{1}{n^6},\\
S_n&=S-\frac{1}{n^2}R+\frac{1}{n^4}Q-\frac{1}{n^6}P+\frac{1}{n^8},\\
&\cdots\cdots
\end{aligned}\quad(6.16)$$

把 $P_n,Q_n,R_n,S_n,\cdots$ 代入式(6.14)就可得到 $a_1,b_2,c_3,d_4,\cdots$，再把 $a_1,b_2,c_3,d_4,\cdots$ 代入式(6.13)可得到 $a,b,c,d,\cdots$，通过一系列富有技巧性的化简，傅里叶最后得到

$$\begin{aligned}
\frac{1}{2}\pi\phi(x)=\sin x&\left\{\phi(\pi)-\frac{1}{1^2}\phi^{(2)}(\pi)+\frac{1}{1^4}\phi^{(4)}(\pi)-\frac{1}{1^6}\phi^{(6)}(\pi)+\cdots\right\}\\
&-\frac{1}{2}\sin 2x\left\{\phi(\pi)-\frac{1}{2^2}\phi^{(2)}(\pi)+\frac{1}{2^4}\phi^{(4)}(\pi)-\frac{1}{2^6}\phi^{(6)}(\pi)+\cdots\right\}\\
&+\frac{1}{3}\sin 3x\left\{\phi(\pi)-\frac{1}{3^2}\phi^{(2)}(\pi)+\frac{1}{3^4}\phi^{(4)}(\pi)-\frac{1}{3^6}\phi^{(6)}(\pi)+\cdots\right\}\\
&-\frac{1}{4}\sin 4x\left\{\phi(\pi)-\frac{1}{4^2}\phi^{(2)}(\pi)+\frac{1}{4^4}\phi^{(4)}(\pi)-\frac{1}{4^6}\phi^{(6)}(\pi)+\cdots\right\}\\
&+\cdots。
\end{aligned}\quad(6.17)$$

可以说傅里叶已经解决了无穷可微的奇函数的三角展开式问题。但他没有停止探索的脚步。他在《热的解析理论》的第 219 目中叙述道：

> 到目前为止，我们一直假定，以多重弧的正弦级数展开的函数，也能够展开成幂级数，并且幂级数中仅有奇次幂。我们可以把这同一结果扩展到任何函数上，甚至扩展到那些不连续和完全任意的函数上。(Fourier，2009)[184]

因此傅里叶在式(6.17)的基础上继续前进。用 s 表示当 n 是奇数时式(6.17)乘以 $\frac{1}{n}\sin nx$，当 n 是偶数时式(6.17)乘以 $-\frac{1}{n}\sin nx$ 的那个量，则有

$$s=\phi(\pi)-\frac{1}{n^2}\phi^{(2)}(\pi)+\frac{1}{n^4}\phi^{(4)}(\pi)-\frac{1}{n^6}\phi^{(6)}(\pi)+\cdots。\quad(6.18)$$

若把 s 看作是 π 的函数，则有关系式

$$s+\frac{1}{n^2}\frac{\mathrm{d}^2 s}{\mathrm{d}\pi^2}=\phi(\pi)\text{。} \tag{6.19}$$

在式(6.19)中，把 s 看作是 x 的函数，对 $s+\frac{1}{n^2}\frac{\mathrm{d}^2 s}{\mathrm{d}x^2}=\phi(x)$ 从 $x=0$ 到 $x=\pi$ 取积分可得

$$\frac{1}{2}\pi\phi(x)=\sin x\int_0^\pi \phi(x)\sin x\mathrm{d}x+\sin 2x\int_0^\pi \phi(x)\sin 2x\mathrm{d}x+\cdots+\sin ix\int_0^\pi \phi(x)\sin ix\mathrm{d}x+\cdots\text{。} \tag{6.20}$$

上式表明，即使完全任意的函数也能以多重弧的正弦级数展开。傅里叶给出了详细的解释：

如此，从 $x=0$ 取到 $x=\pi$ 的这条压缩曲线 $(y=\phi(x)\sin x)$ 的面积给出 $\sin x$ 的系数的精确值；并且无论对应于 $\phi(x)$ 的这条已知曲线怎样，不管是我们对它给定一个解析方程，还是它不服从任何规律，显然，它都是起到以任一方式压缩这条三角曲线的作用；因此，在一切可能的情况中，这条压缩曲线的面积有一个确定值，它是函数展开式中 $\sin x$ 的系数的值。后面的系数 b 或 $\int \phi(x)\sin 2x\mathrm{d}x$ 的情况亦如此。(傅里叶，2008)[88]

随后，傅里叶找到了简单易行的解决系数的方法。他在式(6.7)两边乘以 $\sin ix$ 并取 $x=0$ 到 $x=\pi$ 的积分，再利用三角函数系的正交性重新得到了正弦级数展开式中的系数。

6.1.3 傅里叶把 $[-\pi,\pi]$ 区间上的任一函数展开为正弦级数和余弦级数

在成功地把一个函数展开为正弦级数后，傅里叶接着考虑了如何把一个函数展开为余弦级数的问题。设

$$\varphi(x)=a_0\cos 0x+a_1\cos x+a_2\cos 2x+a_3\cos 3x+\cdots+a_i\cos ix+\cdots\text{，} \tag{6.21}$$

傅里叶用 $\cos jx$ 乘以式(6.21)的两边并取从 $x=0$ 到 $x=\pi$ 的积分，再利用三角级数系的正交性得到了 a_i 的系数。他得到了 $\varphi(x)$ 的余弦级数展开式

$$\begin{aligned}\frac{1}{2}\pi\varphi(x)=&\frac{1}{2}\int_0^\pi \varphi(x)\mathrm{d}x+\cos x\int_0^\pi \varphi(x)\cos x\mathrm{d}x+\cos 2x\int_0^\pi \varphi(x)\cos 2x\mathrm{d}x\\&+\cos 3x\int_0^\pi \varphi(x)\cos 3x\mathrm{d}x+\cdots\text{。}\end{aligned} \tag{6.22}$$

如果取从 $x=-\pi$ 到 $x=\pi$ 的积分，则式(6.20)和式(6.22)分别变为

$$\begin{aligned}\pi\phi(x) &= \sin x\int_{-\pi}^{\pi}\phi(x)\sin x\mathrm{d}x+\sin 2x\int_{-\pi}^{\pi}\phi(x)\sin 2x\mathrm{d}x \\ &\quad +\cdots+\sin ix\int_{-\pi}^{\pi}\phi(x)\sin ix\mathrm{d}x+\cdots,\end{aligned} \tag{6.23}$$

$$\begin{aligned}\pi\varphi(x) &= \frac{1}{2}\int_{-\pi}^{\pi}\varphi(x)\mathrm{d}x+\cos x\int_{-\pi}^{\pi}\varphi(x)\cos x\mathrm{d}x \\ &\quad +\cos 2x\int_{-\pi}^{\pi}\varphi(x)\cos 2x\mathrm{d}x+\cos 3x\int_{-\pi}^{\pi}\varphi(x)\cos 3x\mathrm{d}x+\cdots。\end{aligned} \tag{6.24}$$

对于从 $-\pi$ 到 π 区间内的任一函数 $F(x)$，它可以表示为 $F(x)=\varphi(x)+\phi(x)$，其中

$$\varphi(x)=\frac{1}{2}F(x)+\frac{1}{2}F(-x),\quad \phi(x)=\frac{1}{2}F(x)-\frac{1}{2}F(-x)。$$

显然，$\varphi(x)$ 为偶函数，$\phi(x)$ 为奇函数。式(6.23)与式(6.24)相加得

$$\begin{aligned}\pi\left[\varphi(x)+\phi(x)\right] &= \frac{1}{2}\int_{-\pi}^{\pi}\varphi(x)\mathrm{d}x+\cos x\int_{-\pi}^{\pi}\varphi(x)\cos x\mathrm{d}x+\cos 2x\int_{-\pi}^{\pi}\varphi(x)\cos 2x\mathrm{d}x+\cdots \\ &\quad +\sin x\int_{-\pi}^{\pi}\phi(x)\sin x\mathrm{d}x+\sin 2x\int_{-\pi}^{\pi}\phi(x)\sin 2x\mathrm{d}x+\cdots。\end{aligned} \tag{6.25}$$

由于 $\phi(x)\cos nx$ 为奇函数，故 $\int_{-\pi}^{\pi}\phi(x)\cos nx\mathrm{d}x=0$；同理 $\int_{-\pi}^{\pi}\varphi(x)\sin nx\mathrm{d}x=0$，$\int_{-\pi}^{\pi}\phi(x)\mathrm{d}x=0$。故有以下关系式：

$$\begin{aligned}\pi F(x) &= \frac{1}{2}\int_{-\pi}^{\pi}F(x)\mathrm{d}x+\cos x\int_{-\pi}^{\pi}F(x)\cos x\mathrm{d}x+\cos 2x\int_{-\pi}^{\pi}F(x)\cos 2x\mathrm{d}x+\cdots \\ &\quad +\sin x\int_{-\pi}^{\pi}F(x)\sin x\mathrm{d}x+\sin 2x\int_{-\pi}^{\pi}F(x)\sin 2x\mathrm{d}x+\cdots。\end{aligned} \tag{6.26}$$

6.2　傅里叶级数成功建立的原因分析

许多数学史家都认为达朗贝尔、欧拉、拉格朗日等人通过对弦振动问题的讨论已经走到了傅里叶分析的大门口(克莱因 M，2001; Bottazzini, 1986,)。然而，遗憾的是，他们并没有建立起傅里叶分析。为什么拉格朗日等人错失发现傅里叶级数的机会？这是一个有趣的心理学问题。(Bose, 1917)其实这也是一个非常有趣的科学史问题。弦振动争论的焦点，从物理学角度看，是简单模式叠加观念的一般性及地位问题；从数学角度看，是任意函数能否用三角级数表示的问题，而这正是傅里叶级数理论建立的关键所在。达朗贝尔、欧拉、拉格朗日都曾经把一些特殊的函数展

开为三角级数，但他们均坚信不可能用多重弧的三角级数表示“任意”函数。

傅里叶在热传导问题的研究中，突破了前辈数学家固有观念的重重束缚，成功创建了其级数理论。傅里叶分析的创建是数学史上里程碑式的事件。对傅里叶分析的历史研究是近现代数学史研究的热点之一，这些研究主要着眼于傅里叶级数理论的建立过程及其影响等方面 。笔者认为“为什么傅里叶能够成功建立起其级数理论”是数学史乃至科学史上值得探讨的问题。傅里叶级数理论的创建与对热传导方程的相关研究关系密切。有些学者探讨了热传导方程建立的历史，分析了傅里叶对热本质的反思，对热传导现象的深刻认识，处理热传导问题时新观念、新方法的引入以及热传导方程产生的影响。笔者在仔细研读《热的解析理论》，傅里叶的相关信件①，达朗贝尔、欧拉、拉格朗日对弦振动的讨论等原始文献的基础上，分析傅里叶级数理论的成因，探究热传导方程的求解对傅里叶级数理论创建的促进作用。

6.2.1 函数观的进步与革新

18 世纪，达朗贝尔、欧拉、拉格朗日等人已经站在了傅里叶级数理论的大门口，达朗贝尔、欧拉曾把一些特殊的函数表示为正弦级数或余弦级数，拉格朗日只需交换积分符号与求和符号就可以把一个函数 $f(x)$ 展开为正弦级数，然而，遗憾的是他们没有抓住建立傅里叶级数理论的大好机会。这绝非偶然，其中包含了一些必然的因素。而狭隘的函数观念就是这些必然的制约因素之一。②

达朗贝尔、欧拉、拉格朗日均认为正弦曲线的叠加不可能产生最为一般的初始函数 $f(x)$ 。他们认为主要有两方面的原因：一方面，正弦函数都是解析的(即无限次可微)，因此正弦级数一定是解析的。那么，能用正弦级数表示的函数一定是解析函数。而按照欧拉的观点，一般的函数 $f(x)$ 完全可能是任意的，它可以是非解析函数，甚至可以是随手画的一条曲线，这就产生了矛盾。另一方面，欧拉与拉格朗日认为，即使是解析函数，也不一定能够用正弦级数表示。这主要是由于正弦级数具有周期性与奇性，而一般的函数 $f(x)$ 不一定是周期函数与奇函数，因此，即使函数 $f(x)$ 是解析函数，它也不一定能够用正弦级数表示。

G. 吉尼斯指出，函数的正弦级数表示仅仅与特定区间上函数 $f(x)$ 的性质有

---

① 文献(Herivel，1975）中有 28 封傅里叶的信件，这些信件是研究傅里叶创建其级数理论的重要原始文献。

② 丹尼尔 · 伯努利没有建立傅里叶级数理论则另当别论。在泰勒与约翰 · 伯努利研究的启发下，他坚持认为弦的初始曲线 $f(x)$ 总可以表示为

$$f(x)=\alpha\sin\frac{\pi x}{a}+\beta\sin\frac{2\pi x}{a}+\gamma\sin\frac{3\pi x}{a}+\cdots,$$

可以说，丹尼尔 · 伯努利虽已初步具有了傅里叶级数理论的基本思想，但遗憾的是他并没有试图确定这个级数的系数。

关，而与特定区间以外的部分无关。所以欧拉与拉格朗日等人对 $f(x)$ 的解析性、周期性与奇性的论述是完全错误的。正弦级数表示的仅仅是特定区间上的函数 $f(x)$，而欧拉、拉格朗日等人事实上把特定区间上函数 $f(x)$ 的性质推广到整个区间。他们认为，如果在一个给定区间上两个函数的值相等，那么在这个区间以外，它们的值也相等。18 世纪的数学家对这一观念深信不疑，按照这种观念，在特定区间上与正弦函数一致的函数也意味着在整个区间上与正弦函数是完全相同的。[①] 事实上，通过一个小区间上函数的变化情况就可以确定整个区间上函数的变化情况，这只是解析函数的一个性质，而欧拉与拉格朗日等人认为所有的函数(包括非解析函数)都具有这样的性质。他们虽然已经发现了非解析函数的存在，但对非解析函数的性质缺乏足够的认识，把解析函数所具有的性质错误地移植到非解析函数上。同时，这一时期的数学家还常常把周期函数与非周期函数对立起来，把奇函数与偶函数对立起来。[②]这些都成为达朗贝尔、欧拉与拉格朗日等人建立傅里叶级数理论道路上的绊脚石，而傅里叶成功地铲除了它们。

傅里叶第一个指出当一个函数在自变量的一个给定区间上确定时，在这个区间以外的函数不能确定。他意识到只能在一段区间上而不是在整个定义域内用三角级数表示函数，超出这个特定区间展开式不一定成立。这些观点是傅里叶之前的许多数学家所缺乏的。同时傅里叶辩证地理解了函数的奇偶性，他并没有把奇函数与偶函数完全对立起来，而是把它们有机地联系在一起。大大出乎人们预料的是，他把函数 $\cos x$ 展成形如

$$\frac{1}{2}\pi\cos x=\left(\frac{1}{1}+\frac{1}{3}\right)\sin 2x+\left(\frac{1}{3}+\frac{1}{5}\right)\sin 4x+\left(\frac{1}{5}+\frac{1}{7}\right)\sin 6x+\cdots \tag{6.27}$$

的多重弧的正弦级数，把函数 $\sin x$ 展成形如

$$\frac{1}{4}\pi\sin x=\frac{1}{2}-\frac{\cos 2x}{1\times 2}-\frac{\cos 4x}{3\times 5}-\frac{\cos 6x}{5\times 7}-\frac{\cos 8x}{7\times 9}-\cdots \tag{6.28}$$

的多重弧的余弦级数。傅里叶的这种做法招致许多数学家的反对，拉普拉斯认为傅里叶的做法违背了微积分学的基本原理，很可能拉普拉斯的反对是缘于奇偶函数互化造成的冲突。而傅里叶认为，当考虑公式成立的有效区间时，这种冲突就消失了。[③]

---

① 1744 年，欧拉在写给哥德巴赫(Goldbach，1690—1764)的一封信中宣称 $\frac{\pi-x}{2}=\sum_{n=1}^{\infty}\frac{\sin nx}{n}$。实际上，这个例子恰好表明了两个解析表达式在 $(0,2\pi)$ 区间完全一致，但在这个区间之外并不相等。欧拉虽意识到了这一点，但他认为这只是一个不满足一般规则的无足轻重的特例。

② 事实上，只要我们仅在一个有限的区间内考虑函数，我们就容易把非周期函数开拓为周期函数，也有可能实现奇函数与偶函数的互化。

③ 见文献(Herivel，1975)中傅里叶在 1808—1809 期间写给拉普拉斯的信。

当然，傅里叶对函数概念的准确理解也可能带有其级数理论启发的成分，我们甚至很难断言，傅里叶先有对函数概念的合理理解，后有级数理论的建立，两者可能有一个长期相互作用的过程。但无论如何，傅里叶要建立其级数理论，必然面临着老一辈数学家所固有的狭隘的函数观的挑战。傅里叶创建其级数理论的过程也是不断思考函数概念的过程。可以肯定的是，如果没有函数观的进步与革新，傅里叶根本不可能创建其级数理论。

6.2.2 简单模式叠加观念的启发

1795年，傅里叶开始在新建的巴黎多科工艺学校给拉格朗日和蒙日当助教，他的第一篇论文发表于1798年,在这篇论文中他对虚速度原理给出了一个很有影响力的证明，同时给出了一些关于平衡本质的观点。在论述了平衡的稳定性依赖于平衡位置附近微小运动的本质后，傅里叶提到了拉格朗日和丹尼尔·伯努利的相关工作：

著名的《分析力学》的作者已经非常漂亮地分析了这个问题。利用这个解的结果，还可以进一步证明一个重要的命题，这个命题是丹尼尔·伯努利首先提出并在一些特殊情况下证明了的，即物体的微小振动由同时发生的简单振动构成，这些简单振动不会相互干扰。

傅里叶接着描述了简单模式的振动特性并区分了整个物体运动的周期与多周期情形。在周期情形中，他指明，不管振动是如何开始的，振动物体产生了一个清楚的音调。(Fourier, 1798)

在论文的结尾，傅里叶强调丹尼尔·伯努利分析仅仅适合于振动非常微小的极限情形中，因此，“计算的结果表示的图形仅仅在抽象的意义上存在，确切地讲，这个图形不是振动物体的图形。”他补充道：“这个评论解决了振动弦引发的困难。”(Darrigol, 2007)可能他的意思是从数学层面讨论允许的图形就离题了，因为振动弦的方程仅仅适用于理想运动。无论如何，他不怀疑把简单模式分析应用于自然的观点，他还解释了发声物体发出声音的确切音高。他进一步提到这个理论意味着形成多个振动的可能性：

当几个发声物体相互接触地放置在一起，它们的大小彼此之间保持一定的比率，让其中的一个振动时就足以引发并维持其他物体的振动。它们特定的运动并不互相冲突，所有这些物体构成的系统不久就呈现出等时运动。因此，如果我们的感官做不到这一点，微分学会告诉我们简单振动的共存，如果我们说泛音是由振动构成的……自然界产生了各种不同形式的这种现象：特别值得关注的是这些发声物体的振动；它是微积分学的一个分支，它提供了和声学的基本原理。(Darrigol, 2007)

傅里叶在结束他的论文时提及了音乐理论。很显然，他相信拉莫的学说——

和声依赖于多重振动的物理学以及共鸣；他相信丹尼尔 · 伯努利的和声具有物理现实性的观点。

傅里叶曾在巴黎师范学校短暂生活过，在此期间，他参加了阿羽依的物理学演讲，这个演讲有一整章是关于声学与音乐理论的。阿羽依提到了沃利斯和索弗尔的关于和谐振动与大量共振的实验。他同意梅森和索弗尔的观点——可以从大提琴的最粗的弦中听到一些泛音，他相信有较高泛音的存在。他对吹奏乐器的讨论建立在丹尼尔 · 伯努利直觉理论的基础之上，特别强调了叠加原理可以使我们区分一个管弦乐队的不同乐器发出的声音。

1788 年拉格朗日的《分析力学》是傅里叶了解振动问题的主要来源，傅里叶提醒他的读者有必要更加仔细地研究《分析力学》。《分析力学》的最后一部分包含了对离散负载弦简单模式的一个推导，傅里叶后来在热传导的内容中仿效了这一推导。傅里叶了解振动问题的另一来源是拉普拉斯的第一部著作《宇宙体系论》，他通过赞扬简单模式叠加观念介绍了这本书：

当平静水面上的一个点受到搅动时，环形的波就形成了并向四周扩展。当水面上的另一个点受到搅动时，新的波形成了并和前一个波混合在一起；新的波在水面上传播没有受到前一个波的干扰，就好像它们分别在平静的水面上传播一样，眼睛看见的波，耳朵听到的声音或空气的振动，它们互不干扰地同时传播并且产生不同的感官印象。丹尼尔 · 伯努利的简单振动共存的原理是一个很有趣的一般结果，通过这个结果我们可以轻松地利用想象力来描述这些现象以及它们的多种变化。很容易得到一个系统微小振动的解析理论。这些解析理论依赖于线性微分方程，它的完全积分是一些特殊积分的和。这样的简单振动混合在一起构成了整个系统的运动，这就像表示它们的特殊积分彼此添加在一起从而构成了完全积分一样。把分析中的理性结果恢复为自然现象是很有趣的。自然界还会提供大量的这方面的例子，这种一致性是数学推理的最大魅力。(Darrigol, 2007)

在这里拉普拉斯强调了数学分析的物理孕育以及部分模式的物理现实性，这两者都影响了傅里叶数学物理学的工作。

概括起来讲，在 1798 年之前，傅里叶相信简单模式叠加观念的有效性、物理学特征以及它与音乐和谐理论的相关性。他知道关于弦振动的争论，他通过宣布简单模式叠加观念的一般性含蓄地认可了丹尼尔 · 伯努利的解。在阅读了拉格朗日《分析力学》的相关部分后，他知道了如何计算离散负载弹性弦的简单模式。然而，应当提及的是《分析力学》的第一版没有涉及对这一问题连续极限情形的考虑，也没有给出简单模式叠加的系数的表达式，简单模式叠加作为一个函数表示了离散情形下各质点的初始纵坐标。很可能，傅里叶不知道拉格朗日早期关于声音的论文，在关于声音的论文中包含了相关的分析。如果傅里叶读了这些论文，那么就很难理解他得出他的著名定理时所采用的迂回路线。

傅里叶在简单模式叠加观念的指引下成功地解决了半无穷矩形薄片的热传导问题。正是利用简单模式叠加观念，他才成功地构造了半无穷矩形薄片热传导问题的一般解(6.2)。同时傅里叶认为，沿着薄片的形如 $\cos my$ 的热分布形式不会发生变化，只是随着阶数 m 的增加，温度会以指数形式递减。对于任意的一个分布，傅里叶设想把热流分解为一些基本的模式，他在《热的解析理论》第 190 目得到了半无穷矩形薄片热传导的解(6.6)之后，于 191 目写道：

方程 $v=\frac{4}{\pi}e^{-x}\cos y$ 表示一旦形成便保持不变的状态；方程 $v=\frac{4}{3\pi}e^{-3x}\cos 3y$ 表示的状态亦如此，一般地，级数(6.6)的每一项都对应具有这同样性质的一个特殊状态。所有这些局部系统都同时存在于级数(6.6)所表示的系统之中；它们被叠加，热运动相对于它们的每一个而发生，就像它们单独存在一样。(傅里叶，2008)[71]

傅里叶设想，每一瞬间从热源传递出来的热可以把它分成不同的部分，它的传导服从 $e^{-mx}\cos my$ 的法则，所有这些部分运动不会彼此干扰。这很容易使我们想起丹尼尔·伯努利和拉普拉斯对于叠加原理的解释。“随着我们考虑其温度的点离原点愈远，热运动就愈不复杂：因为只要距离 x 充分大，级数的每一项相对于它前面的项就非常小，因此，对于受热薄片离原点愈来愈远的部分，薄片的状态就明显地由前三项，或前两项，或仅仅由第一项来表示。”这段话表明，$e^{-mx}\cos my$ 表示的一些状态类似于乐音中的基音与泛音，因为泛音也具有快速衰减的特性；当然也类似于弦振动中的基本模式与较高模式。因此可以这样说，傅里叶的薄片是一个虚构了时间的振动弦。(Darrigol, 2007)

傅里叶始终坚持简单模式的物理现实性。1708 年 12 月 21 日在向法国科学院口头陈述他的理论时，他用如下的术语描述了物体的冷却过程：

初始温度系统是这样的，一开始建立起来的物体之间的温度比值在整个冷却期间不会发生任何变化。可以把这种奇异的状态比作是发声弦发出主音时所呈现的形状，这两种状态共有的特性是一旦形成便始终保持。它有许多类似的形式，这些形式对应于弹性弦中的泛音。因此，由于热在传导和扩散时并没有改变初始分布率，对于每一个固体就有无穷多个简单模式……不管以什么样的方式加热物体中的不同点，但物体初始的任意的温度体系都可以分解为类似于我刚刚描述过的几种简单而又持久的状态。这些状态中的每一个独立于所有其他的状态而存在，它们不会经受其他的任何变化，就好像它们是独立存在的。这个相关的分解并不是一个纯粹理性与分析的结果；它确确实实发生了，它的发生源于热的物理性质。实际上，对每一个系统来说，每一个简单系统中温度降低的速度并不是完全一样的……真实的情况是，这些性质不像摆动的等时性以及振动弦的共鸣一样可感知；但是可以通过观察建立这些理论，在我的所有实验中，它们都变得非常清新。(Darrigol, 2007)

傅里叶认为，振动弦中的泛音与热传导中的部分模式具有相同程度的物理现实性。如果我们能够感觉到这些热传导现象中发生的状况，那么我们可以把它们比作是泛音的共鸣。

6.2.3　半无穷矩形薄片和半圆周上离散物体热传导问题成功解决的激励

傅里叶在热传导方面的主要著作有：完成于 1804—1805 年的《初稿》；完成于 1807 年的《关于热传导的理论》；完成于 1811 年的获奖论文《立体中热运动的理论》以及于 1822 年出版的《热的解析理论》。在所有这些著作中，《初稿》是最早完成的，同时它也是其余热传导著作的基础。在《初稿》中，傅里叶主要讨论了三个问题：排列在一条直线上的有限个离散物体的热传导；一端加热的细长杆的温度分布；边界和一端保持固定温度的半无穷矩形薄片的热传导。傅里叶对这三个问题的考察为其建立热传导理论奠定了坚实的基础。J. 赫里韦尔认为，《初稿》对有限个离散物体以及半无穷矩形的处理非常的成熟与完美以至于在后来的各种版本中没有实质性的改变，对这两个问题优雅与清晰地处理体现出了傅里叶在纯粹数学方面的才能。从物理学的角度来看，半无穷矩形薄片问题是人为的以及理想化的，甚至是一种数学的构造。要使用三角级数，两个无穷边 B 和 C 处的温度除了 $v=0$ 就别无选择。况且还要求基底的所有点都保持恒温1，这些理想化的处理可能远离物理现实。然而它真正的价值在于数学方面。傅里叶对半无穷矩形薄片的热传导问题的处理第一次把三角展开式运用于热理论，并且运用纯代数方式确定了余弦展开式中各项的系数。因此，如果要仔细地分析傅里叶成功建立起级数理论的原因，我们必须回顾他对半无穷矩形薄片问题的考虑。

当然傅里叶能够成功解决该问题并非偶然。半无穷矩形薄片问题事实上相当于细长杆问题的推广。在傅里叶之前，牛顿、阿蒙东(Amontons, 1663—1705)、兰伯特(Lambert, 1728—1777)、毕奥等人就已经对细长杆问题进行了深入研究。其中，傅里叶、兰伯特等已经发现了细长杆的热传导规律：其上一点处的温度随着与加热端距离的增加而降低，并且服从对数法则。由 B 和 C 关于 Ax 轴的对称性很容易想到该情形下热传导的简单模式为 $e^{-mx}\cos my$，再由简单模式叠加观念得到一般解，然后运用富有技巧性的代数消元的方法确定一般解中的系数。从纯数学的角度来看，傅里叶对无穷矩形薄片问题的考虑得到了一个非常重要的结论——用余弦级数表示了一个常数，即式(6.5)。可以说，无穷矩形薄片问题是他建立其级数理论的突破口。

这样，傅里叶不仅把一个常数展开为余弦级数，而且通过对收敛性的考察论证了展开式的合理性，再加上他对简单模式叠加观念的信任以及对丹尼尔·伯努利有关弦振动工作的肯定，他就有了“任一函数可展开为多重弧的正弦或余弦级数”的信念。他在《热的解析理论》中写道：“虽然我们刚才已经给出这些系数的值，但此处我们只处理了一个更一般问题的一个个别情况，这个更一般的问题在于以多重弧的正弦或余弦的无穷级数来展开任一函数。”(傅里叶，2008)[77]在半无穷矩形薄片问题成功解决的激励下，他继续运用在半无穷矩形薄片问题中已经使用过的代数消元的方法把一个只含奇次幂的具有无穷阶导数的函数展开为正弦级数。他通过对最终得出的展开式(6.20)观察发现，每一个系数都表示从取 $x=0$ 到 $x=\pi$ 的压缩曲线 $y=\phi(x)\sin x$ 的面积。于是他提出了大胆的设想，这样一个面积即使对很随意的函数都是有意义的，没必要要求函数是连续的，只要函数能够用曲线表示就可以了。若对展开式(6.20)进一步考察还会发现，对于被展开函数 $\phi(x)$ 是奇次幂的要求也是没有必要的。他接着把余弦函数 $\cos x$ 展开为正弦级数，即

$$\cos x=\frac{2}{\pi}\left\{\left(\frac{1}{1}+\frac{1}{3}\right)\sin 2x+\left(\frac{1}{3}+\frac{1}{5}\right)\sin 4x+\left(\frac{1}{5}+\frac{1}{7}\right)\sin 6x+\cdots\right\}。$$

但是，展开式(6.20)确实是在 $\phi(x)$ 具有麦克劳林(Maclaurin, 1698—1746)级数的情况下推出的。傅里叶在后来给拉格朗日的一封信中解释道，他起初希望这个结果(6.20)仅仅对无穷可微的函数保持，因为无穷可微函数适合于他的代数程序。当他回过头去考虑热传导的离散问题时，他改变了观点。他考虑了排列在一个圆的半圆周上离散物体的情形，通过对该问题的讨论他获得了

$$\begin{aligned}\alpha_j \to \psi(x,t)=&\frac{1}{2\pi}\int\phi(x)\mathrm{d}x\\&+\sum_{j=1}^{\infty}\left[\left(\int\phi(x)\sin jx\mathrm{d}x\right)\sin jx+\left(\int\phi(x)\cos jx\mathrm{d}x\right)\cos jx\right]\\&\cdot\exp\left(-j^2\pi gt\right)。\end{aligned}$$

在 $t=0$ 的特殊情况下，傅里叶获得了定义在区间 $0\leqslant x\leqslant 2\pi$ 上的任意函数 $f(x)$ 的三角展开式：

$$\phi(x)=\frac{1}{2\pi}\int_0^{2\pi}\phi(\xi)\,\mathrm{d}\xi+\frac{1}{\pi}\sum_{r=1}^{\infty}\left(\cos rx\int_0^{2\pi}\phi(\xi)\cos r\xi\mathrm{d}\xi+\sin rx\int_0^{2\pi}\phi(\xi)\sin r\xi\mathrm{d}\xi\right)。$$

他认识到这是他以前获得的结论(6.5)与(6.20)的推广。这个结果有着非同寻常的意义。因为傅里叶相信，它牵涉了“微积分学的普通原理”，他确信它适合于任何函数。后来他向拉格朗日解释道：

运用这种近似的方法，我得到了一个函数的多重弧的正弦与余弦展开式。在解决完无穷个物体彼此之间传热的问题后，我认识到这个展开式适合于任意函数……(Darrigol, 2007)

总之，通过对排列在一个半圆周上离散物体热传导的考虑，傅里叶更加坚定了“任一函数可展开为多重弧的正弦或余弦级数”的信念。“不管函数具有什么样的性质，甚至是以任意方式随手画的一条曲线所对应的函数，都可以通过已知的分析手段去表示它。”他自信地把他的定理应用于任何一个函数，因为他很容易通过积分计算三角级数中的系数。

很可能他意识到“代数消元”的方法过于复杂，所以他又通过逐项积分并利用三角函数系的正交性重新得到了式(6.20)。事实上，这种“新”的方法欧拉、达朗贝尔等人已经使用过了。然后他用新发现的方法把一任意函数展开为多重弧的余弦级数。最后，他把$[-\pi,\pi]$区间上的任一函数表示为多重弧的正弦与余弦展开式。傅里叶在半无穷矩形薄片和半圆周上离散物体热传导问题成功解决的激励下有条不紊地建立了其级数理论。

6.2.4　求解热传导方程的驱动

在《热的解析理论》中，傅里叶用将近 50 页的篇幅来讨论任意函数的三角级数展开问题。为什么他对这一问题如此重视呢？因为他十分清醒地认识到，解决这一问题是求解热传导方程所必需的。他建立了三角级数理论后，顺理成章地探索了环、实心球、矩形棱柱、实立方体以及无穷立体中热运动方程的求解。

1. 立体环、实心球、矩形棱柱、实立方体中热传导方程的求解使级数理论得以应用

半径为 R 的立体环中的热传导方程为

$$\frac{\partial v}{\partial t}=k\frac{\partial^2 v}{\partial x^2}-hv\text{。}\tag{6.29}$$

这里 x 表示环上的一点 M 和原点 O 之间的弧长，v 是点 M 在给定时间 t 之后所观测到的温度值。作一代换 $v=\mathrm{e}^{-ht}w(x,t)$，则方程可化为

$$\frac{\partial w}{\partial t}=k\frac{\partial^2 w}{\partial x^2}\text{。}\tag{6.30}$$

设初始条件为

$$v=f(x)\quad(t=0),\tag{6.31}$$

满足方程(6.30)的解为 $w=b_0+\sum_{i=1}^{\infty}\left(a_i\sin\frac{ix}{R}+b_i\cos\frac{ix}{R}\right)\mathrm{e}^{-k\frac{i^2t}{R^2}}$。那么满足方程(6.29)的一般解为

$$v=\left[b_0+\sum_{i=1}^{\infty}\left(a_i\sin\frac{ix}{R}+b_i\cos\frac{ix}{R}\right)\mathrm{e}^{-k\frac{i^2t}{R^2}}\right]\mathrm{e}^{-ht}。$$

利用初始条件(6.31)可得

$$\phi\left(\frac{x}{R}\right)=a_0\sin\left(0\frac{x}{R}\right)+a_1\sin\left(1\frac{x}{R}\right)+a_2\sin\left(2\frac{x}{R}\right)+\cdots+b_0\cos\left(0\frac{x}{R}\right)$$
$$+b_1\cos\left(1\frac{x}{R}\right)+b_2\cos\left(2\frac{x}{R}\right)+\cdots,$$

其中 $f(x)=\phi\left(\frac{x}{R}\right)$。傅里叶运用已建立的级数理论就可以确定上式中的系数分别为 $b_0=\frac{1}{2\pi R}\int_0^{2\pi R}f(u)\mathrm{d}u$，$a_r=\frac{1}{\pi R}\int_0^{2\pi R}f(u)\sin\frac{ru}{R}\mathrm{d}u$，$b_r=\frac{1}{\pi R}\int_0^{2\pi R}f(u)\cos\frac{ru}{R}\mathrm{d}u$。他最后得到式(6.29)的一般解为

$$v=\frac{1}{\pi R}\mathrm{e}^{-ht}\left\{\frac{1}{2}\int_0^{2\pi R}f(u)\,\mathrm{d}u\right.$$
$$\left.+\sum_{r=1}^{\infty}\left[\sin\frac{rx}{R}\int_0^{2\pi R}f(u)\sin\frac{ru}{R}\mathrm{d}u+\cos\frac{rx}{R}\int_0^{2\pi R}f(u)\cos\frac{rx}{R}\mathrm{d}u\right]\exp\left(-\frac{r^2kt}{R^2}\right)\right\}。$$

运用类似的方法他实现了实心球、矩形棱柱、实立方体中热传导方程的求解。

2. 实圆柱中热传导方程的求解使级数理论得以拓展

对实圆柱中热传导方程的求解是傅里叶级数理论产生过程中非常重要的一个环节，他本人也阐明了这一点。在傅里叶的一封信[①]中，他写道："我乞求先生您能够仔细地检查我的这部分工作[②]，它是真正值得您注意的一个部分。"

他建立的实圆柱中热传导的方程是

$$\frac{\partial v}{\partial t}=k\left(\frac{\partial^2 v}{\partial x^2}+\frac{1}{x}\frac{\partial v}{\partial x}\right),\tag{6.32}$$

x 表示圆柱内一点 M 与圆柱轴之间的距离，v 表示点 M 在一给定时间 t 之后所观测到的温度值，R 表示圆柱的截面半径，边界条件：当 $x=R$ 时，$\frac{\partial v}{\partial x}+hv=0$。针对这个问题，傅里叶长时间地尝试了他的三角级数方法，但最终没有成功。后来傅里叶通过代换 $v=\mathrm{e}^{-mt}u(x)$ 从方程(6.32)中导出关于 $u(x)$ 的常微分方程

① 见文献(Herivel，1975)中"Fourier to an unknown correspondent, around 1808-09"，这封信很可能是写给拉格朗日的。

② 指实圆柱中热传导方程的求解。

$\frac{\mathrm{d}^2u}{\mathrm{d}x^2}+\frac{1}{x}\frac{\mathrm{d}u}{\mathrm{d}x}+\frac{m}{k}u=0$具有级数解

$$u(x)=1-\frac{\left(\frac{m}{k}\right)}{2^2}+\frac{\left(\frac{m}{k}\right)^2x^4}{2^2\cdot4^2}-\frac{\left(\frac{m}{k}\right)^3x^6}{2^2\cdot4^2\cdot6^2}+\cdots,$$

令$\theta=\frac{m}{k}\cdot\frac{x^2}{2^2}$，则有

$$u(x)\equiv\varphi(x)=1-\frac{\theta}{1^2}+\frac{\theta^2}{1^2\cdot2^2}-\frac{\theta^3}{1^2\cdot2^2\cdot3^2}+\cdots,$$

接着通过边界条件导出了方程$\theta\frac{\varphi'(\theta)}{\varphi(\theta)}=-\frac{hR}{2}$。他进一步研究$\varphi(\theta)$的性质，并把它转化为积分形式$\varphi(\theta)=\frac{1}{\pi}\int_0^{\pi}\cos\left(2\sqrt{\theta}\sin u\right)\mathrm{d}u$。这样就形成了一般解

$$v=\sum_{r=1}^{\infty}a_r\varphi\left(\frac{x}{R}\theta_r\right)\exp\left(-\frac{2^2kt\theta_r}{R^2}\right),\tag{6.33}$$

这里$\theta_1,\theta_2,\cdots$是$\theta\frac{\varphi'(\theta)}{\varphi(\theta)}=-\frac{hR}{2}$的实根。再利用初始条件，他得到了类似于傅里叶级数的级数展开式

$$\phi(x)=\sum_{r=1}^{\infty}a_r\varphi\left(\frac{x}{R}\theta_r\right),\tag{6.34}$$

接着他利用很高的技巧证明了函数$\sqrt{x}\phi\left(\frac{x}{R}\theta_r\right)$, $r=1,2,\cdots$在区间$[0,R]$上的正交性，从而利用逐项积分计算出了式(6.34)中的系数

$$a_r=\frac{\int_0^R u\phi(u)\phi\left(\frac{u}{R}\theta_r\right)\mathrm{d}u}{\frac{R^2}{2}[\phi(\theta_r)]^2\left[1+\left(\frac{hR}{2^2k\sqrt{\theta_r}}\right)\right]}。$$

把这些系数代入式(6.33)就得到了一般解。

由于求解实圆柱中热传导方程的需要，傅里叶不得不对自己的级数理论进行拓展。他发现除了正余弦函数，还有一些函数也像三角函数系一样具有正交性。圆柱中热传导方程的成功求解标志着傅里叶级数理论的一次重大拓展，它从把一个“任意”函数展开为多重弧的正余弦函数拓展为把一个函数展开为彼此正交的函数。傅里叶的这一发现很容易把它推广为今天泛函分析中的一个重要结论：设

$\{\phi_n\}$为L_2空间中某个完备的正交系，每个元$f \in L_2$可以表示为级数和$f=\sum_{n=1}^{\infty} c_n\phi_n$，利用正交性可确定$c_n=\frac{1}{\|\phi_n\|^2}\int f(x)\phi_n(x)\mathrm{d}u$，其中$\|\phi_n\|^2=\int \phi_n{}^2(x)\mathrm{d}u$。（柯尔莫哥洛夫，2006）[306]傅里叶的这项工作为斯图谟（Sturm, 1803—1855）、刘维尔（Liouville, 1809—1882）甚至希尔伯特（Hilbert, 1862—1943）研究特征函数展开式奠定了基础。（Coppel, 1969）

3. 无穷直线中热传导方程的求解使级数理论得以完善

考虑热在一条无穷直线中的传导情况，设直线的一部分ab已经得到一初始温度，用$F(x)$表示ab部分的初始温度，其他所有点的初始温度为0。需要确定在某个时刻t这条直线上每一点的温度。

傅里叶建立的热传导方程为$\frac{\partial v}{\partial t}=\frac{K}{CD}\frac{\partial^2 v}{\partial x^2}-\frac{HL}{CDS}v$，其中$v$是与原点距离为$x$的点在经历时间$t$之后所具有的温度；$K,H,C,D,L,S$分别表示内热导率、表面热导率、比热、密度、垂直截面的周长和这个截面的面积。

假设初始温度曲线$v=F(x)$由两个对称部分构成，如图6.3所示。

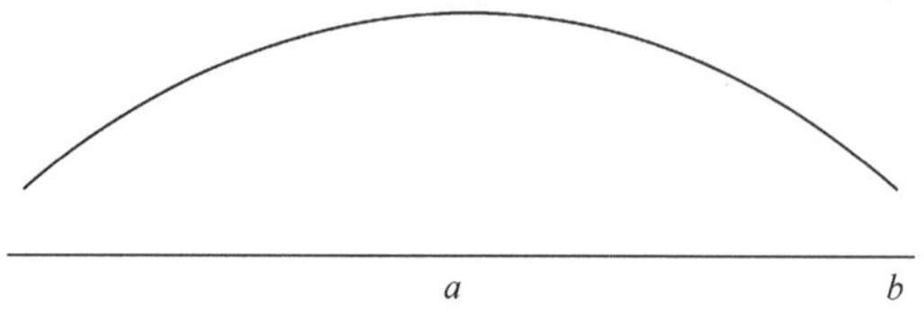

图6.3

令$\frac{K}{CD}=k, \frac{HL}{CDS}=h$。在方程$\frac{\partial v}{\partial t}=k\frac{\partial^2 v}{\partial x^2}-hv$中令$v=\mathrm{e}^{-ht}u$，则有$\frac{\partial u}{\partial t}=k\frac{\partial^2 u}{\partial x^2}$。很容易找到$u$的一个特殊值，即$a\cos qx\mathrm{e}^{-kq^2t}$，$a$和$q$为任意常数。则一般解为

$$u=\sum_{n=1}^{\infty} a_n\cos(q_n x)\mathrm{e}^{-kq_n{}^2t}\text{。} \tag{6.35}$$

傅里叶首先假定q_n是一条曲线的横坐标，则值$q_1,q_2,\cdots,q_n,\cdots$以无穷小的态势增加，它分别等于$\mathrm{d}q,2\mathrm{d}q,\cdots,n\mathrm{d}q,\cdots$①，其次假定$a_n$与同一曲线的纵坐标$Q_n$成正比，$a_n=Q_n\mathrm{d}q$。于是，$a_n=Q(q_n)$，其中$Q$是$q$的某一函数。然后把式(6.35)转化为

① dq是横坐标的微分。

$$u=\int_0^{\infty}Q(q)\cos(qx)\mathrm{e}^{-kq^2t}\mathrm{d}q\text{。}\tag{6.36}$$

现在需要确定函数Q。结合初始条件可得

$$F(x)=\int_0^{\infty}Q\cos(qx)\mathrm{d}q\text{。}\tag{6.37}$$

傅里叶将(6.37)展开为

$$F(x)=\mathrm{d}qQ_1\cos(q_1x)+\mathrm{d}qQ_2\cos(q_2x)+\mathrm{d}qQ_3\cos(q_3x)+\cdots\tag{6.38}$$

在式(6.38)的两边乘以$\cos q_jx$，其中$q_j=j\mathrm{d}q\ (j=1,2,\cdots,n,\cdots)$，然后对$x$从$x=0$到$x=\frac{1}{\mathrm{d}q}\pi$取积分可求得$Q_j=\frac{2}{\pi}\int_0^{n\pi}F(x)\cos(q_jx)\mathrm{d}x$，其中$n=\frac{1}{\mathrm{d}q}$。一般地，有$Q=\frac{2}{\pi}\int_0^{\infty}F(x)\cos(qx)\mathrm{d}x$。那么

$$\frac{\pi}{2}F(x)=\int_0^{\infty}\cos(qx)\mathrm{d}q\int_0^{\infty}F(x)\cos(qx)\mathrm{d}x\text{。}\tag{6.39}$$

最后得到一般解为

$$\frac{\pi v}{2}=\mathrm{e}^{-ht}\int_0^{\infty}F(\alpha)\mathrm{d}\alpha\int_0^{\infty}\mathrm{e}^{-kq^2t}\cos(qx)\cos(q\alpha)\mathrm{d}q\text{。}$$

傅里叶接着考虑了初始温度曲线关于原点对称的情形，此时有

$$\frac{\pi}{2}F(x)=\int_0^{\infty}\sin(qx)\mathrm{d}q\int_0^{\infty}f(x)\sin(qx)\mathrm{d}x\text{，}\tag{6.40}$$

结合式(6.39)与(6.40)，傅里叶断言，对于任意的函数$\phi(x)$，有

$$\phi(x)=\frac{1}{\pi}\int_{-\infty}^{\infty}\phi(\alpha)\mathrm{d}\alpha\int_0^{\infty}\cos q(x-\alpha)\mathrm{d}q\text{。}\tag{6.41}$$

如果我们用欧拉公式$\mathrm{e}^{\mathrm{i}x}=\cos x+\mathrm{i}\sin x$把傅里叶积分写成复数形式，则式(6.41)变为

$$\phi(x)=\frac{1}{2\pi}\int_{-\infty}^{\infty}\mathrm{e}^{\mathrm{i}qx}\mathrm{d}q\int_{-\infty}^{\infty}\phi(\alpha)\mathrm{e}^{-\mathrm{i}q\alpha}\mathrm{d}\alpha\text{。}\tag{6.42}$$

傅里叶通过对无穷直线中热运动方程的求解使其级数理论进一步完善。因为在此之前，他仅仅是把一个周期函数展开为三角级数，而无穷直线中热运动方程的求解拓展了其级数理论的使用范围。由于一个具有无穷长周期的函数就是一个任意的定义于整个x轴的非周期函数，因此，式(6.42)清楚地表明一个定义在无穷区间上的非周期函数也可以用积分形式的傅里叶级数表示。(克莱因 F，2010)[237]

回顾热传导方程的求解我们发现，傅里叶常常利用变量分离法并结合边界条

件通过特解的组合确定热传导方程的一般解，再结合初始条件（若没有初始条件则结合边界条件）利用他已经建立起来的级数理论确定一般解中的系数。可见，建立级数理论是傅里叶求解热传导方程的需要，同时热传导方程的求解也推动了其级数理论的进一步发展，其中，对实圆柱中热传导方程、无穷直线中传导方程的求解使其级数理论得以拓展与完善。

已有不少文献对傅里叶级数理论的建立过程做了细致的研究，在此基础上，笔者对傅里叶成功建立其级数理论的原因进行了探讨。研究发现，欧拉、拉格朗日等人对解析函数与非解析函数、周期函数与非周期函数的认识还不够深入，这在很大程度上阻碍了他们建立傅里叶级数理论，这也部分地回答了"为什么达朗贝尔、欧拉、拉格朗日等人没有创建傅里叶级数理论"的问题，而傅里叶意识到只能在一段区间上而不是在整个定义域内用三角级数表示函数，认识到了非解析函数与解析函数的本质不同，这些带有变革性的观点为其创建级数理论扫清了障碍；从早期声乐理论中发展起来的简单模式叠加观念对傅里叶产生了重大的影响与启发，它不但启发傅里叶求解了半无穷矩形薄片中的热传导问题，而且在此过程中产生的重要结论使傅里叶看到了建立其级数理论的曙光；通过对圆周上离散物体热传导问题的解决，使傅里叶更加坚定了建立其级数理论的信念，他意识到不仅无穷可微函数可以展开为多重弧的正弦级数和余弦级数，而且"任意函数"都可能具有这种性质；傅里叶建立其级数理论是求解热传导方程的需要，同时，也正是在求解热传导方程的过程中，其级数理论得以拓展与完善。当然本文主要从数学角度对傅里叶成功建立其级数理论的原因作了讨论，这不是一个充分的论述，还可以从物理学、声学以及实验物理学数学化的角度探讨傅里叶级数理论的成因。

6.3 傅里叶级数理论优先权的争论

1807 年，傅里叶向法国科学院呈交了一篇有关热传导理论的论文，由拉格朗日、拉普拉斯、蒙日、拉克鲁瓦构成的评审团认为在当时的情况下傅里叶的论文不应当发表，特别是傅里叶的三角级数理论招致了评审团的反对，反对缘于两个方面，即级数收敛性以及优先权的问题。

达朗贝尔、克莱罗、欧拉曾运用余弦级数的正交性把一些特殊函数展开为三角级数。而傅里叶在其三角级数理论中也普遍地使用了这种方法。拉格朗日抱怨傅里叶没有指明他的先辈们的相关工作。特别地，拉格朗日或拉克鲁瓦肯定告诉过他，欧拉曾经运用过余弦函数的正交性得到了三角级数系数的傅里叶表达式。傅里叶在 1808—1809 年的一封信（Herivel，1975）[318-321][①]中写道：

① 达里戈尔认为是写给拉格朗日的。

我利用消元的方法得到了函数的多重弧的正弦与余弦展开式。后来解决了无穷物体的热交换问题，我意识到这样的展开式适合于一个任意函数，我用一个完全不同的方法得到了我以前曾经得到过的方程

$$\frac{1}{2}\pi\phi(x)=\sin x\int\phi(x)\sin x\mathrm{d}x+\sin 2x\int\phi(x)\sin 2x\mathrm{d}x+\cdots$$

两年以前我把我的这部分工作交给了毕奥与泊松，他们就知道了我利用这种方法把偏微分方程的积分表示为三角级数或指数级数的事实：他们并没有给我指出达朗贝尔或欧拉利用这样的积分来形成一个三角解的事。我忽视或完全忘记了这样一个事实；我运用了在方程

$$\phi(x)=a_0+a_1\cos x+a_2\cos 2x+\cdots$$

的两边乘以 $\cos ix$ 然后从 0 到 π 积分的方法来证明第三个定理。我不知道第一个利用这种方法的数学家，而我已经引用了他的方法，对此我感到很抱歉。关于达朗贝尔和欧拉的研究，你不能进一步说假如他们知道这一个展开式，他们只会更加完美地去利用它。他们都坚信一个任意不连续函数不能展开为这种形式的级数，甚至认为没有人能够确定余弦多重弧展开式中的系数……

我并没有试图诋毁在我之前的像达朗贝尔和欧拉一样伟大的数学家的工作，因为我对他们的论文怀有崇高的敬意。但是我希望能够清楚地表明他们所使用的方法并不足以解决热理论的相关问题。

而且，如果我不得不引用某些著作的话，我首先得引用您的著作，我过去仔细地研究过您的著作，事实上您的著作中包含了级数的问题，偏微分方程的问题，系数的化简问题，对无穷多个偏微分方程的考虑，以及大量的与我所使用的相似的原理……

先生我很荣幸能够表达我的心情，卑微的傅里叶拜上。

从这封信中可以看出，傅里叶对于自己不知道欧拉的工作表示歉意，但他强调自己的级数理论有着更大的适用范围。在傅里叶看来，逐项积分并利用三角函数正交性的方法并不是无懈可击的，因为事实上傅里叶发现了这种方法的不足之处 —— 即使在运算过程正确的情况下，这种计算方法仍是靠不住的。它仅仅是一个简洁的运算手段。就拿式(6.3)来说，如果我们在(6.3)式两边乘以 $\cos(2r-1)y$，接着在区间 $\left[-\frac{1}{2}\pi,\frac{1}{2}\pi\right]$ 上逐项积分，我们可以得到用无穷矩阵方法得到的解

$$a=\frac{4}{\pi},\quad b=-\frac{1}{3}\cdot\frac{4}{\pi},\quad c=\frac{1}{5}\cdot\frac{4}{\pi},\quad\cdots\tag{6.43}$$

但是如果我们在方程

$$1 = b\cos 3y + c\cos 5y + \cdots \tag{6.44}$$

中逐项积分，我们仍然能得到$b, c, \cdots$与(6.43)相同的值，而在式(6.44)中$a\cos x$已被删掉。现在在式(6.3)中代入(6.43)，(6.3)式是正确的；但是在(6.44)式中代入式(6.43)，式(6.44)肯定是不正确的。因此逐项积分的方法作为真正的推理是靠不住的，这个方法要由无穷矩阵的方法来弥补。傅里叶不管在1807年的论文还是后来发表的版本中，在计算正弦级数的系数时，都在消元方法的后面附上逐项积分的方法，这也从一个侧面反映了他对逐项积分方法的怀疑。

傅里叶对他的级数理论方面基本定理的证明呈现了三种方式，而并不是仅仅选择逐项积分的方法。有人推测，他是为了放弃十分复杂的消元方法才做了大量的努力。在1808年对自己论文的一条注释中，傅里叶说他的三个推导互相补充。通过消元的方法保证了三角展开式的存在性，但是它仅仅适合于无穷可微函数。通过正交性的方法给出了系数，但并不能保证展开式的存在性。通过对离散问题取极限的证明似乎既保证了存在性又给出了任意函数的展开式，但是它依赖于热传导的一个人为模式。

虽然欧拉等人在傅里叶之前已经提出了逐项积分并利用正交性的方法，但是傅里叶似乎独立地发现了它，尽管他对这种方法有所顾虑，然而他却是第一个真正揭示这种方法威力的人。他扩展了这种方法的适用范围，不仅把它运用于任一函数的余弦展开式、正弦展开式以及正余弦的混合展开式，同时还把这种方法扩展到了三角级数以外的更广阔的天地。当然傅里叶之所以能够建立其级数理论，最重要的是他有“任意函数都可展开为多重弧的正弦级数和余弦级数”的信念，这是达朗贝尔、克莱罗、欧拉、拉格朗日等人不具备的。傅里叶最大胆的展开式是

$$\Delta(x) = \frac{4}{\pi}\sum_{p=0}^{\infty}\frac{(-1)^p}{(2p+1)^2}\sin(2p+1)x\ , \tag{6.45}$$

其中

$$\Delta(x) = \begin{cases} x, & 0 \leqslant x \leqslant \dfrac{\pi}{2}, \\ \pi - x, & \dfrac{\pi}{2} < x \leqslant \pi, \end{cases} \tag{6.46}$$

以及

$$\chi_a(x) = \frac{2}{\pi}\sum_{r=1}^{\infty}\frac{1}{r}(1-\cos ra)\sin rx\ , \tag{6.47}$$

其中

$$\chi_a(x)=\begin{cases}1, & 0<x\leqslant a,\\ 0, & a<x<\pi。\end{cases} \tag{6.48}$$

在达朗贝尔、欧拉等人看来，式(6.46)与(6.48)是不可能用三角级数表示的。

6.4　傅里叶级数理论的严格化

傅里叶的级数理论是不严格的，它没有回答什么样的函数在什么意义下可展开为三角级数的问题。1829 年，狄利克雷在《克雷尔》(*Crell*)杂志上发表了一篇文章《关于三角级数的收敛性》(*Sur la convergence des series trigonom é-triques*)。该文讨论了任意函数展开成形如

$$\frac{a_0}{2}+(a_1\cos x+b_1\sin x)+(a_2\cos 2x+b_2\sin 2x)+\cdots$$

的傅里叶级数及其收敛性的问题。狄利克雷提出并证明了有关傅里叶级数收敛的充分条件。狄利克雷证明：若 $f(x)$ 是周期为 2π 的周期函数，在 $-\pi<x<\pi$ 中，仅有有限个极大值和极小值以及有限个不连续点；又若 $\int_{-\pi}^{\pi}f(x)\mathrm{d}x$ 有限，则在 $f(x)$ 所有的连续点处，其傅里叶级数收敛到 $f(x)$，在函数的跳跃点处，它收敛于左右极限值的算术平均值。(吴文俊，2003a) [884-885]

狄利克雷 1829 年的论文第一次给出给定函数 $f(x)$ 的傅里叶级数收敛并且收敛到 $f(x)$ 本身的充分条件，从而给傅里叶级数理论奠定了严格的基础，同时他还第一次给出了严格的函数概念。黎曼在讨论了狄利克雷的论文之后提出：①更进一步扩充函数的概念；②对于更一般的函数概念建立可积性理论；③建立 $f(x)$ 的傅里叶级数收敛到 $f(x)$ 的充要条件。为此，黎曼得出函数是实数集之间的任意对应的现代定义，并且对函数定义黎曼可积性，把可积函数从连续函数扩大到在有限区间内具有无穷多个间断点的函数。他给出两个黎曼可积性的充要条件：一个是 $f(x)$ 的振幅大于给定数 λ 的区间总长度，并随各区间长度趋于零而趋于零，另一个是定义在各区间的上和及下和，即

$$S=M_1\Delta x_1+M_2\Delta x_2+\cdots+M_n\Delta x_n,\quad s=m_1\Delta x_1+m_2\Delta x_2+\cdots+m_n\Delta x_n。$$

M_i 及 m_i 分别是区间 Δx_i 上 $f(x)$ 的最大值与最小值，令 $D_i=M_i-m_i$，则 $f(x)$ 黎曼可积的充要条件是，对于 Δx_i 的一切选法都有

$$\lim_{\max\Delta x_i\to 0}(D_1\Delta x_1+D_2\Delta x_2+\cdots+D_n\Delta x_n)=0。$$

有了更一般的函数及其黎曼可积性的观念，黎曼进一步发展了傅里叶级数理论，他刻画可用三角级数表示的函数如下：

令

$$\frac{1}{2}a_0+\sum_{n=1}^{\infty}\left(a_n\cos nx+b_n\sin nx\right) \tag{6.49}$$

为三角级数，满足当$n\to\infty$时，$a_n,b_n\to 0$。把式(6.49)积分两次，得出连续函数

$$F(x)=\frac{1}{4}a_0x^2+\alpha x+\beta-\sum_{n=1}^{\infty}\frac{1}{n^2}(a_n\cos nx+b_n\sin nx)\text{，}$$

其中α,β为实常数。记

$$(\Delta_h^2F)(x)=\frac{F(x+2h)+F(x-2h)-2F(x)}{4h^2}\text{。}$$

黎曼得出：

(1)(可表性定理)如果级数(6.49)在点x收敛，则$\lim\limits_{h\to 0}\left(\Delta_h^2F\right)(x)$存在且在$x$处等于式(6.49)的和。

(2)无需任何收敛性假定，有$\lim\limits_{h\to 0}\dfrac{F(x+2h)+F(x-2h)-2F(x)}{2h}=0$。

(3)(局域性定理)三角级数(6.49)在一个区间I上的收敛性与发散性只依赖于F在区间I上的值。(吴文俊，2003b)[1042-1043]

第 7 章　傅里叶级数的影响

> 傅里叶是一首数学的诗。
>
> ——恩格斯

傅里叶级数理论的建立对音乐、理论物理、纯粹数学都产生了深刻的影响。对傅里叶级数相关问题的思考推动了分析学的严格化，促进了一致收敛等概念的建立，同时也促进了集合理论的建立。傅里叶的方法开创了数学物理的线性化时代，他的方法成为标准方法被理论物理学家所广泛接受。20 世纪以来，傅里叶级数理论的应用已渗透到光学、声学、医学、生物学、电磁学及射电天文学等领域。傅里叶级数理论的应用非常宽广，几乎渗透到我们生活的所有领域，这恰好和傅里叶的数学观是完全吻合的，“数学就是用来解决公共事务及解释自然现象的”。(Prestini, 2016)[VII] 本章主要讨论傅里叶级数理论对音乐、理论物理及纯粹数学产生的影响，对于其在其他领域的广泛应用本章不赘述。

7.1　音乐得到了数学描述

从毕达哥拉斯时代到 19 世纪，世界各地的数学家、音乐理论家都试图揭示乐声的本质，揭示音阶体系和声学等音乐理论与数学的关联。而傅里叶的工作正好清晰地构建了数学与音乐之间的深层关系。他证明了所有的声音，无论是噪音还是乐音，无论是复杂的还是简单的声音，都可以用数学方式全面描述。

如果我们在电吉他上弹奏单音“哆 C”，并把这个音的波形转化为频率谱，那么这个频率谱中标记出的主要峰值的频率如图 7.1 所示。从图 7.1 可以看出，振幅最大的频率在 264Hz 处，按振幅大小排列的泛音的频率依次是 528Hz、797Hz、1061Hz、1325Hz、1593Hz，差不多是原来“哆”音频率的 2 倍、3 倍、4 倍、5 倍、6 倍，但这些频率的幅度随着频率的增大而变小。(涉谷道雄，2009)[207]

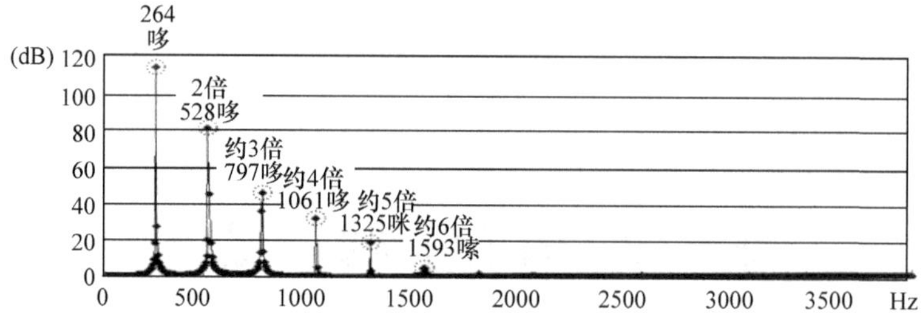

图 7.1 “哆 C”音的频率谱中的主要峰值的频率

傅里叶级数理论告诉我们，代表任何乐音的表达式都是形如 $y = a\sin wx$ 的简单正弦函数表达式之和。电吉他发出“哆 C”音的方程式基本就是

$$y = 1.2\sin 2.64x + 0.8\sin 5.28x + 0.45\sin 7.97x + 0.36\sin 10.61x + 0.2\sin 13.25x$$ 。①

如果我们在示波器上显示电吉他发出“哆 C”音的波形图，其大体如图 7.2 所示。

该波形图是由如图 7.3～图 7.7 所示的各个简单的正弦函数的图像叠加而成的。

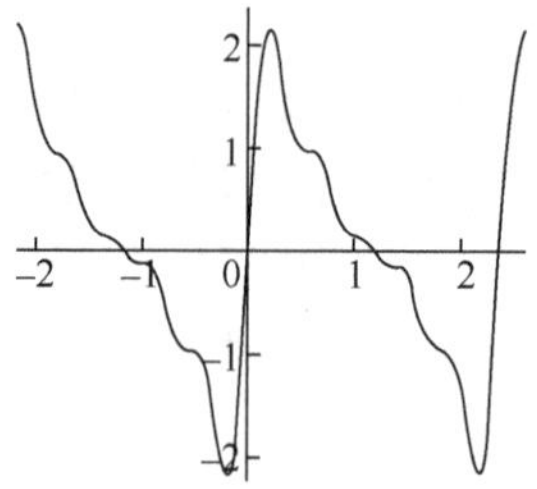

图 7.2 电吉他发出“哆 C”音的波形图

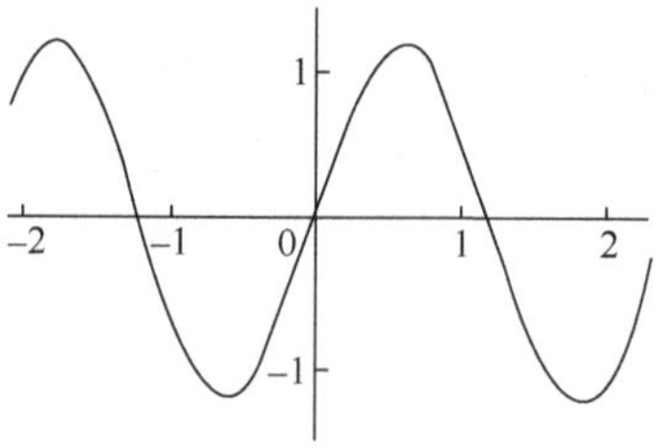

图 7.3 $y = 1.2\sin 2.64x$ 的图像

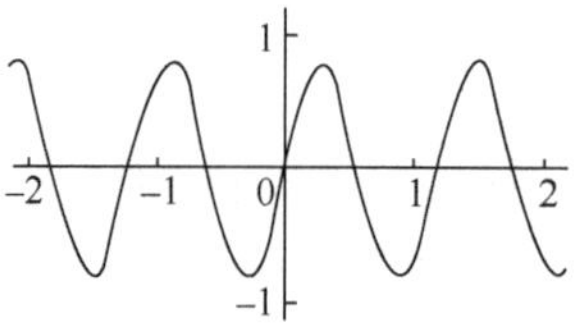

图 7.4 $y = 0.8\sin 5.28x$ 的图像

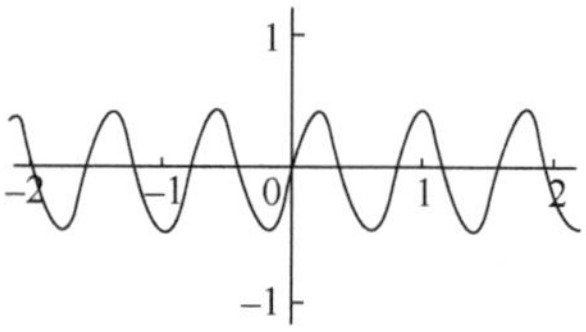

图 7.5 $y = 0.45\sin 7.97x$ 的图像

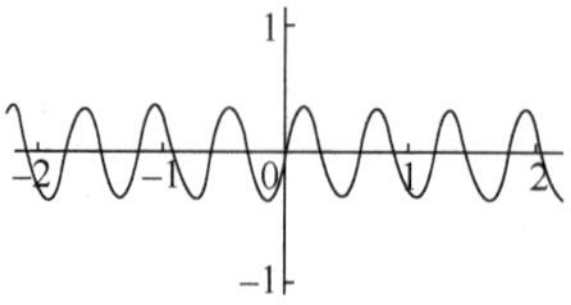

图 7.6 $y = 0.36\sin 10.61x$ 的图像

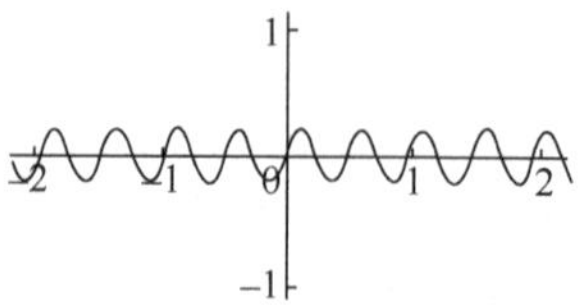

图 7.7 $y = 0.2\sin 13.25x$ 的图像

① 为了使图像更清晰，该方程中的各个角频率值按比例缩小。

我们接着来考察音叉发出的简单声音的图像，轻轻敲打一下音叉，依靠麦克风将音叉的声音转化为电信号通过电线传递到示波器的入口端，那么示波器会将电信号用图像表示出来，如图 7.8 所示。

图 7.8　音叉波形图

从图 7.8 可以看出，音叉声音的波形是正弦函数的图像。任何复杂的音乐乐声实际上都是由简单声音构成的，它们都可以由形如 $a\sin bx$ 的正弦函数表示。而 $a\sin bx$ 又可以表示一种如音叉这样具有适当频率与振幅的简单声音，因此，傅里叶级数理论表明，每一种乐音，无论多么复杂，都是一些简单声音——如音叉发出的声音——的组合。从理论上讲，完全可以由音叉来演奏贝多芬第九交响曲，包括第四乐章合唱《欢乐颂》。

上述波形图都反映了声音随时间的变化情况，这种以时间作为参照观察动态世界的方法属于时域分析。图 7.2 表明，电吉他发出“哆 C”音的波形随时间不断变化，但在这个变化过程中，频率谱中的各个频率是保持不变的。频率是乐音中最关键的要素之一，如果把时域中的波形图转化为频域中的频谱图，由于频谱图更加简洁，那么分析乐音的特性如音色等则更为深刻和方便。傅里叶变换

$$F(\omega)=F[f(t)]=\int_{-\infty}^{+\infty} f(t)\mathrm{e}^{-\mathrm{i}\omega t}\mathrm{d}t$$

能够实现从时域分析向频域分析的转换，能够把波形图转换为频谱图。而傅里叶逆变换

$$f(t)=F^{-1}[F(\omega)]=\int_{-\infty}^{+\infty} F(\omega)\mathrm{e}^{\mathrm{i}\omega t}\mathrm{d}\omega$$

能够实现从频域分析向时域分析的转换，能够把频谱图转换为波形图。

傅里叶变换及逆变换在音乐领域中有许多应用。如，有一种电脑校音仪，由音频拾取、数据存储器，显示器和键盘等组成，将乐音信号拾取放大后转变为数字信号，送入微处理器进行傅里叶变换，在频域将乐音频谱与预先存储在存储器中的标准音源的频谱进行比较，利用显示器将比较结果显示出来，通过键盘可以选择对不同乐器乐音进行校准和定音。

傅里叶的级数理论就像一座桥梁，沟通了数学与音乐之间的联系，M. 克莱因(M. Kline, 1908—1992)在《西方文化中的数学》一书中对傅里叶的工作给予了高度的评价：

傅里叶的工作还有其哲学意义。美妙的音乐的本质当然主要是由数学分析提

供的。但是，通过傅里叶定理，这门庞大的艺术本身以令人意想不到的美妙方式得到了数学描述。因此，人们清楚地认识到，艺术中最抽象的领域能转换成最抽象的科学；而最富有理性的学问，也有合乎理性的音乐与其有密切的联系。(克莱因 M，2004) [303]

7.2 对理论物理和应用数学产生的影响

傅里叶通过数学方法把实验物理的一个分支纳入理论物理的范畴。他的新科学建立在极少数简单事实的基础之上，这些事实的原因是不清楚的，但它们是通过实验观察确定下来的。他以实验事实为基础，建立了最为一般情况下的热传导的偏微分方程，因此，他把物理问题化归为纯分析问题。“热运动方程，和那些表示发声物体的振动或者是液体临界振动的方程一样，属于最近发现的一个分析学的分支，完善它是非常重要的。建立这些偏微分方程后，应当求它们的积分；这个过程在于从一个一般表达式过渡到满足所有初始条件的特解。这些很深的研究需要一种以一些新定理为基础的特殊分析。”(傅里叶，2008) [5] 他扩展了数学分析的使用范围与威力，他认为，没有一种语言比数学语言更加普遍、更加简单、更加准确。换句话说，除了数学，再没有一种语言更加适合于表述自然界的永恒关系。从这个角度来看，数学分析和自然界一样广博。它解释所有可观察到的关系、时间、力、空间、温度等。这门科学是缓慢形成的，但是它一旦获得基本原理，那么它就一直保持它们。“……如果物体十分的稀薄很容易逃逸，就像光和空气；如果物体处在广袤的空间中；如果人们想知道不同时期的太空状况；如果想探求地球内部施加的重力和热的作用，数学分析可以抓住这些自然现象的规律。数学分析使它们成为可测量的对象，它就像人的头脑中的智慧一样，注定要弥补生活的不足与人的感觉的缺陷；更加非同寻常的是研究所有的现象都遵从同样的过程；数学分析用同样的语言来解释它们，似乎证实了宇宙计划的统一性与简单性，同时似乎使自然界由不变的秩序所支配的规律更加明显。”(Fourier，2009) [8]

傅里叶成功地用分析学解决了热的理论问题，他说：“这些现象①中建立起来的秩序，如果我们的感觉能够捕捉到的话，那么将会产生动听的音乐。”他的《热的解析理论》激励他人用类似的方法把其他物理分支纳入理论物理的领域。

通过考察傅里叶对剑桥数学物理学派的影响可以管窥其工作对理论物理及数学物理的影响。剑桥数学物理学派对理论物理及数学物理的发展做出了巨大的贡献，涌现出了格林(Green, 1793—1841)、斯托克斯(Stokes, 1819—1903)、汤姆森

① 指热现象。

(Thomson, 1824—1907)、麦克斯韦等大师。

18 世纪中叶，对牛顿理论物理的研究带来了极大的回报。这种回报几乎全部发生在欧洲大陆。除了麦克劳林，牛顿在英国没有天才的继承者，麦克劳林去世后，英国的数学与数学物理进入到了一个较长的停滞时期，主要是由于英国偏爱牛顿流数方法的人切断了英国数学与欧洲大陆数学的联系，在 1800 年前后，除了托马斯 · 杨(T. Young, 1773—1829)，英国没有人熟悉拉格朗日和拉普拉斯的著作。虽然托马斯 · 杨在理解拉普拉斯的著作方面没有明显的困难，但他反感欧洲大陆数学家与科学家的自命不凡，他在关于流体内聚性的论文中批评了拉普拉斯的毛细管理论。然而，少量欧洲大陆的，特别是法国的科学与数学成果很明显地渗透到了英国。1809 年，拉普拉斯的《宇宙体系》被翻译成了英文，更加有意义与启发性的是拉普拉斯的第一本著作《天体力学》被诺丁汉的一位学者翻译成英文，然而巧合的是诺丁汉非常接近格林的出生地，格林是 19 世纪英国数学物理学派的第一位杰出人物。格林 1828 年的论文是一部欧洲大陆风格的英国数学物理著作，这部著作参考了傅里叶的《热的解析理论》。由于傅里叶在利用数学分析研究热现象时获得了巨大的成功，他的成就激励格林把数学分析应用到静电场和静磁场现象的研究；斯托克斯和哈密顿的早期著作中应用了傅里叶展开式及变量分离的方法；在剑桥数学物理学派的成员中，汤姆森受傅里叶影响最大，傅里叶的工作影响了他的整个数学物理学生涯。1904 年汤姆森在格拉斯哥大学名誉校长的就职演说中，描述了他进入“伟大的数学物理法国学派”的途径：

我的前任自然哲学教授米克勒姆(Meikleham)教导他的学生尊重伟大的法国数学家勒让德、拉格朗日、拉普拉斯。他的直接的继任者尼科尔(Nichol)，把弗雷斯纳(Fresne)、傅里叶加入到了这一科学贵族的名单中。在他的光的波动理论、应用天文学的实验与理论教学中，他对伟大的法国数学物理学派的令人鼓舞的热情不断得以显现。他极大地推动了格拉斯哥大学的科学研究与对科学的鉴赏。(Herivel, 1972)

汤姆森也保留了一份详细记录他通过尼科尔熟知傅里叶《热的解析理论》的报告，这份报告的内容如下：

1839 年，我参加了尼科尔教授的高级自然哲学课后，决定专心致力于这些问题的研究，我对傅里叶的著作充满了钦佩。虽然尼科尔本人不是一个数学家，但他有足够的数学知识来欣赏傅里叶作品的伟大，他为我点燃了对傅里叶的热情。我问尼科尔教授，我能否读懂傅里叶，他回答说“可能吧”。他认为这本书非常珍贵。所以在 1840 年 5 月 1 日这一天，作为《关于地球形状》论文的奖赏，尼科尔让我把傅里叶的《热的解析理论》带出图书馆进行细致地研读。两周以后，我掌握了这部著作的整个内容……(Herivel, 1972)

1840 年的夏天，汤姆森准备到德国与家人去度假。在离开的前几天，他看到了凯兰德(Kelland, 1808—1879)的关于热理论的一本书，通过这本书他惊奇地发现傅里叶的著作中有很多“漏洞”。在德国度假期间，他把凯兰德与傅里叶的著作都带在身边。说是度假，事实上他正在研究傅里叶的“错误”。最后，他发现犯下错误的是凯兰德，而不是傅里叶。他把这一发现写成一篇论文，题目是《三角级数形式的傅里叶展开式》，在这篇论文中，他指出了凯兰德的错误。傅里叶认为，一个以 2π 为周期的函数的纯粹正弦或余弦展开式在区间 $[0, \pi]$ 上是有效的，而正弦和余弦的混合展开式在区间 $[-\pi, \pi]$ 上有效，这种解释没有被凯兰德正确地理解，他没有认识到一个给定函数在区间 $[0, \pi]$ 上具有正弦(或余弦)展开式意味着这个函数在区间 $[-\pi, \pi]$ 上是奇函数(或偶函数)。汤姆森在一封信中提到他的《三角级数形式的傅里叶展开式》的论文：

凯兰德声称，傅里叶的几乎所有的工作都是错误的，我对此感到愤慨。当我写完我的论文(发表于《剑桥数学学报》)时，我的父亲把它送给了格雷戈里(Gregory)。格雷戈里在最近竞争爱丁堡数学教授的席位时被凯兰德击败了。格雷戈里认为这篇论文相当有争议，就把它送给了凯兰德。但凯兰德好像生气了，他写了相当尖锐的回信。接着我的父亲与我润色文章并删掉了一些可能冒犯凯兰德的段落。凯兰德回信说他非常喜欢这篇文章，不久就发表了。(Bose, 1915)

汤姆森一生敬重他年轻的时候鼓舞过、激励过他的人。数学物理领域的傅里叶、格林以及实验科学领域的法拉第(Faraday, 1791—1867)，都是汤姆森崇拜的对象。但如果去研读汤姆森的数学与物理论文集，我们发现在第 1 卷开始几页有一篇纠正凯兰德错误的文章。第 2 卷包含了题为《傅里叶数学的简明叙述》的一篇文章。尽管这篇文章在 1880 年首次发表，但它完成的时间可以追溯到 1850 年 9 月到 10 月间。 这篇论文的第一部分探讨了用一般的曲线坐标表示热传导方程的问题。接下来的部分包含了热传导方程的各种特殊解，这些解有些是由傅里叶本人给出的，有些是由傅里叶的解导出的，这就证实了汤姆森自第一次遇到《热的解析理论》，对傅里叶的热情持续了大约十年的时间。他指出傅里叶对传导率为常数的热传导方程的求解是富于创造性的，同时他指出傅里叶《热的解析理论》第六章对贝塞尔方程的讨论堪称“艺术的经典”，并推测：

当《热的解析理论》在 1821 年出版时，它和傅里叶的其他著作一样，在法国科学院的档案里被生生埋没了 14 年。当贝塞尔发现在这本书里有一个对“贝塞尔函数”如此彻底的研究，以及有一个对“贝塞尔函数”如此漂亮的应用时，我们可以想象贝塞尔从内心深处充满了对傅里叶的钦佩。(Bose, 1915)

汤姆森的数学与物理论文集第 2 卷第 73 篇是关于电报理论的论文，论文实质上由两封写给斯托克斯的信构成，这两封信分别写于 1854 年 10 月 28 日和 10 月 30 日。汤姆森以一种简单的方式建立了完全绝缘状态下的电流运动方程，这种方式完全符合傅里叶的观点。汤姆森说：这种方程与众所周知的实体导体中的线性热运动方程是一致的，傅里叶给出的各种形式的解完全适合于回答与电报线的运用相关的实际问题。(Bose，1915)恐怕就连傅里叶本人也无法想象他的分析理论有如此广泛的应用，他无法想象他的理论会在热领域以外得到应用。而且，傅里叶的工作对汤姆森有一个具体的影响，这个影响促使汤姆森为电磁学理论的建立做出了贡献。在研究电磁学的过程中，汤姆森感到有必要把法拉第的磁力线思想翻译成数学公式，进行定量表述，因为磁力线思想形象地描绘了电磁场的图像。1841 年，汤姆森尝试着把电力线和磁力线同热力线进行比较研究。1842 年完成了《匀质固体中的均匀热运动与电流的数学理论之间的联系》一文。这是一篇关于热和电的数学论文，其中提到热在均匀固体中的传导和法拉第电应力在均匀介质中传递这两种现象之间的相似性。在论文中，汤姆森指出，电的等势面相当于热流的等温面，电荷相当于热源。利用傅里叶的热分析理论，他把法拉第的磁力线思想和拉普拉斯的势函数二阶微分方程普遍用于热、电和磁的运动，建立起这三种相似现象的共同的数学模式。汤姆森在稳定热流的温度与电流的稳定分布情况下的势之间建立起了数学类比。[①]但是得出这两个方程一致性的结论并不是十分容易的，事实上它需要物理洞察力。汤姆森推断，由于热的传导是部分分子间通过接触过程而完成的，所以电的传导可能有相似的过程。这当然是法拉第的观点，我们知道，汤姆森在早期对法拉第的观点非常有兴趣也非常有热情。汤姆森的伟大贡献在于引进了法拉第观点的数学表述，这一贡献最终导致了麦克斯韦电磁学理论的建立。

汤姆森对麦克斯韦的影响可从两方面来看，一是汤姆森对麦克斯韦的直接帮助。如汤姆森在 1853 年发表《瞬间电流》一文，麦克斯韦写信给汤姆森，请求他告诉一些读电学的门径，汤姆森便把自己所知道的这方面的知识毫无保留地告诉了麦克斯韦。对此，麦克斯韦在给父亲的信中曾欣喜地谈到汤姆森很乐意指教他。二是汤姆森创立的类比方法对麦克斯韦影响极大。汤姆森在 1842 年和 1847 年发表的《匀质固体中的均匀热运动与电流的数学理论之间的联系》以及《论电力、磁力和伽伐尼的力学表征》两篇论文，不仅使麦克斯韦认识到类比方法的重要性，而且体验到法拉第的思想与传统的静电理论是协调的。1856 年，麦克斯韦发表《论法拉第磁力线》一文，利用并进一步发展了汤姆森的类比方法，用不可压缩的流体的流线类比于法拉第的磁力线，把流线的数学表达

---

① 当然现在看来两个物理量除了有一个常数因子 4π 的差别外，由同一个数学方程所描述，承认这样一个事实还是比较自然的事。

式进一步运用到静电理论中，最终创立了电磁理论。傅里叶以这种非同寻常的方式，在他去世后，通过自己热学方面的工作，对理论物理学的发展发挥了至关重要的影响。

正如庞加莱(Poincaré, 1854—1912)所说，傅里叶热理论是首先把分析应用于物理学的范例之一。以一般的实验事实为前提，傅里叶推导出了一系列结果，这些结果组成了完整而连贯的理论。傅里叶得到的结果本身就非常有趣，然而更加有趣的是他得到这些结果所使用的方法，这些方法成为建立任一数学物理分支的典范。(Jourdain, 1917)傅里叶的方法从本质上讲就是开创了数学物理的线性化时代，在黎曼之前，甚至直到今天这一趋势在数学物理中仍占支配地位。傅里叶的方法可以归纳如下：

(1)用线性偏微分方程记录现象；

(2)把边界条件与初始条件用单独的方程表示；

(3)运用所知道的技巧或创造技巧去结合边界条件与初始条件求解(1)中的线性偏微分方程。

当然傅里叶在偏微分方程求解中还形成了许多新颖的方法与工具，诸如变量分离、傅里叶级数、傅里叶积分等。这些方法很快成为标准方法被应用数学家及理论物理学家所接受。

傅里叶级数与傅里叶积分是理论物理和应用数学中解决问题的两个主要的工具，傅里叶首次使用它们来解决应用数学领域遵循边界条件与初始条件的偏微分方程的有关问题，解决了依赖于时间的传导与辐射方程的问题。傅里叶的级数理论中一贯使用的这些方法已经成为应用数学领域现代方法的一部分，在傅里叶的级数理论刚建立的那个时期，人们很难意识到这些方法的新颖性与革命性。毫无疑问，如果对 18 至 19 世纪应用数学领域的著作进行详细考察的话，我们就会发现这些著作除了运用已知的三角级数的知识外，也早就运用了傅里叶的方法与技巧。然而，在傅里叶的著作中如此一贯并清晰地运用了这些方法，这使得他的著作对理论物理和应用数学产生了革命性的影响，从此以后，这些方法很快成为标准方法被数学家所接受。

7.3 对纯粹数学产生的影响

7.3.1 促使一致收敛概念的产生

首先，傅里叶具有准确的级数收敛的概念，这是他的前辈们所缺乏的。在《热的解析理论》的第 179 目中，傅里叶用一种新的方法证明了等式

$$\frac{\pi}{4}=\cos x-\frac{1}{3}\cos 3x+\frac{1}{5}\cos 5x-\frac{1}{7}\cos 7x+\frac{1}{9}\cos 9x-\cdots \tag{7.1}$$

的正确性。证明过程中他展现了准确的级数收敛的概念。他假定级数

$$\cos x-\frac{1}{3}\cos 3x+\frac{1}{5}\cos 5x-\frac{1}{7}\cos 7x+\frac{1}{9}\cos 9x-\cdots$$

的项数不是无限的而是有限的，并且等于 m 。设

$$y=\cos x-\frac{1}{3}\cos 3x+\frac{1}{5}\cos 5x-\frac{1}{7}\cos 7x+\cdots-\frac{1}{2m-1}\cos(2m-1)x,$$

在上式两边对 x 微分并乘以 $2\sin 2x$ 得到

$$-2\frac{\mathrm{d}y}{\mathrm{d}x}\sin 2x=-2\sin 2mx\sin x\ ,$$

则 $y=\frac{1}{2}\int\left(\mathrm{d}x\frac{\sin 2mx}{\cos x}\right)$。通过逐次积分可得

$$2y=\text{常数}-\frac{1}{2m}\cos 2mx\sec x+\frac{1}{2^2m^2}\sin 2mx\sec' x+\frac{1}{2^3m^3}\cos 2mx\sec'' x-\cdots,$$

数 m 愈增加，y 的值愈趋于不变。当数 m 是无穷时，这个函数 y 有一个定值，由于当 x 的值是一个小于 $\frac{\pi}{2}$ 的无论怎样的正值，y 的这个定值都是一样的。现在假定 x 为零，则有

$$\frac{\pi}{4}=1-\frac{1}{3}+\frac{1}{5}-\frac{1}{7}+\frac{1}{9}-\cdots$$

因此，一般地，有式(7.1)成立。(傅里叶，2008) [66-67] 傅里叶在 1808—1809 年间给拉普拉斯的一封信中写道：

我在《热的解析理论》中所使用的所有级数无一例外都是收敛的……人们可以以不同的方式来论证这些级数的收敛性。下面是我常常使用的方法，这个方法没有什么疑问。我们首先考虑前 m 项，前 m 项是有限的而且是已知的。我们会发现前 m 项的和是一个关于 m 和 x 的函数。把这个函数展开成 m 的倒数的幂的形式，就可以发现随着 m 的增加，除了首项外其他每一项逐步减少。最后面的项就是级数的极限。但这个项在原方程中是首项。同样的计算清晰地表明这个结果成立的范围。(Herivel, 1975) [316-317]

傅里叶考虑级数收敛的方法被后来的数学家成功运用。例如，奥斯古德为了展示一致连续的现象与特征，就运用了这种方法。达布认为，在《热的解析理论》的第三章第三部分中，傅里叶运用了狄利克雷后来在三角级数理论严格化时所采用的方法。这个方法就是把级数的前 m 项的和用一个定积分表示，接着寻求这个

定积分的极限。在第三部分中，傅里叶还对一个三角级数的余项进行了估计。为了回应拉格朗日和拉普拉斯的反对，傅里叶在1808年和1809年给1807年提交的论文作了广泛的注释，这些注释部分地处理了级数的收敛问题。在1807年的论文及注释中，傅里叶通过几何构造证明其积分与级数的收敛性，可惜的是这些几何构造在后来的获奖论文中被删掉了。虽然傅里叶的几何论述不是很严密，但包含了1829年狄利克雷著名研究的起源。(Bose,1917)乔丹(Jourdain, 1879—1919)说，对于收敛的本质以及什么时候需要考虑收敛，傅里叶有着完全清晰的观点，在许多情形下，他指出了研究收敛性的道路，狄利克雷沿着这一道路开始了众所周知的傅里叶级数收敛性的研究。(Jourdain, 1917)

对傅里叶级数理论的细致研究促使斯托克斯和赛德尔(Seidel, 1821—1896)分别于1847年与1848年发现了一致收敛概念。斯托克斯在《关于周期级数和的临界值》的著名论文中提出了一致收敛的概念。熟悉傅里叶《热的解析理论》的读者都知道，傅里叶是凭借物理直觉进行逐项积分与逐项微分的，物理学家常常深信数学的正确性。奥斯古德说，“当我们超越初等微积分时，我们面临四类重要的问题，也就是需要确定以下过程在什么条件下是可行的：①级数逐项积分；②级数逐项微分；③改变双重积分的积分次序；④在积分符号下微分。我们现在都清楚，在一致收敛的条件下，以上四个过程是可行的。”(Bose, 1917)

斯托克斯和赛德尔并没有认识到一致收敛在函数论中的重要性。1841年，魏尔斯特拉斯已经拥有了一致收敛的观念，他完全认识到了它的重要性。奥斯古德在他的《函数理论》中说，这个(指魏尔斯特拉斯)伟大的数学家把一致收敛发展为现代分析最重要的方法之一。

7.3.2 促进了黎曼积分以及现代函数概念的建立

1829年和1837年，狄利克雷准确地确定了一个函数展开为傅里叶级数的充分条件。接着，黎曼竭力确定函数展开为傅里叶级数的必要条件。范弗莱克(van Vleck, 1899—1980)发现，黎曼在考虑以下问题：狄利克雷的各种不同条件要求函数一定是可积的，果真如此吗？函数必须要有有限个极大值与极小值吗？必须要有有限个不连续点吗？从否定的角度看，这些问题对他来说当然很容易回答，必要条件的寻求使他看到了光明。黎曼试图把傅里叶级数建立在一个更为广泛基础上的成果之一就是他的众所周知的积分定义。18世纪，绝大多数数学家摒弃了莱布尼茨关于积分是无穷小量的无穷和的说法，只把积分看作是微分之逆。(吴文俊, 2003a)[791] 而傅里叶视积分为求和过程，他把积分是微分逆过程的观点推到了幕后。J. 赫里韦尔评价说，傅里叶对19世纪纯粹数学产生的重大影响之一就是把积分学建立在独立于微分学的基础之上。柯西在1823年接受了莱布尼茨关于积分的观点，乔丹在他的论文《柯西定积分概念和函数连续性概念的起源》中坚持如下观点，纯数学概念的深刻变革是傅里叶工作的结果，这些变革包括把积分重新看作求和以及连续观念的发展。要回避傅里叶的这些足迹是不可能的，纯粹数学中与柯西名字相联系的这些观念的起源要归功于傅里叶，而柯西的这些观念为数学家以逻辑方式处理数学指明了方向。(Jourdain, 1917)但是柯西仅仅把积分定义在连续函数上。黎曼反对函数连续性的要求，在和式的组成上，由子区间的长度乘以函数值，函数值并不像柯西所要求的那样，必须取区间端点处的函数值，而可以是这个子区间当中任意一点 ξ_i 的函数值。黎曼把 $\sum f(\xi_i)\delta_i$ 的极限定义为积分，如果 $\sum f(\xi_i)\delta_i$ 的极限与求和区间的分割方式无关，与 ξ_i 的选择无关而唯一存在。这样，黎曼使积分学的基本概念独立于微分学，为科学处理积分学的问题建立了基础。(Bose, 1917)黎曼对积分概念的重新定义扩展了可用傅里叶级数表示的函数类。(Kleiner, 1989)同时，黎曼在讨论了狄利克雷的论文之后提出应更进一步扩充函数的概念。为此，黎曼得出函数是实数集之间的任意对应这个现代定义。

7.3.3　开创了不连续理论，导致了可微函数与连续函数的完全分离

黎曼在 1854 年的毕业论文中研究了函数的傅里叶级数表示问题。在他的这篇论文中，数学家们找到了不连续理论的开端。黎曼表明，在可积函数中，有一类在每个区间(不管区间有多小)上不连续点都非常稠密的函数。我们回忆一下他的这种可积函数的例子，用收敛级数 $1+\frac{(x)}{1}+\frac{(2x)}{2^2}+\frac{(3x)}{3^2}$ ①表示一个函数，这个函数在 $x=\frac{p}{2n}$ 的有理点上是不连续的，这里 p 是一个奇整数，p 与 n 互素。(Bose, 1917)同时黎曼指出，$F(x)=\int f(x)\mathrm{d}x$ 对一切 x 连续，但在 $f(x)$ 的间断点上不可导。魏尔斯特拉斯在讲课中提到，黎曼在 1860 年授课时给出过一个处处不可微的连续函数的例子，即

$$f(x)=\sum_{n=1}^{\infty}\frac{\sin n^2 x}{n^2}。$$

但他说他不知道黎曼是否肯定这函数处处不可微或是在某些点可微。实际上，有人在 1970 年证明这函数在 π 的某些有理倍数的点上可微。(吴文俊，2003b)[1044] 黎曼的工作开创了数学中的不连续理论(在傅里叶与狄利克雷的著作中仅有一些零星的不连续方面的例子)，霍金斯(Hawkins, 1938—　)对黎曼工作的重要性给出了如下评价：

① (nx) 表示 nx 减去最靠近它的整数(可正、可负)，要是存在两个连续的同等靠近的整数则定义为 0。

柯西以后积分理论的发展史从本质上讲就是把积分概念尽可能地扩展到不连续函数上的历史。只有当认识到了这种高度不连续函数是存在的并对它们进行认真研究的时候，这种扩展才变得有意义。(Kleiner, 1989)

上面由黎曼给出的函数是一个不能用图像表示的不连续函数，但它能用数学表达式表示。这里我们很容易回想起与达朗贝尔和欧拉争论紧密联系的论断：几何形式优于解析表达式。然而在 1875 年，魏尔斯特拉斯构造的著名的函数让数学界震惊，这个函数是 $\sum_{n=1}^{\infty}\left(b_n \cos a^n \pi x\right)$，这个函数在任何区间上有无穷多个极大值与极小值，所以它不能用图像表示。范弗莱克评论道，“它揭示了分析的洞察强于几何的洞察，它表明人类的智力超越了知觉”。(Bose, 1917) 因此我们可以看到，对傅里叶级数的研究最后导致了可微函数与连续函数的完全分离。

7.3.4 促使康托尔集合理论的建立

康托尔早年对数论、不定方程和三角级数极感兴趣。似乎是微妙的三角级数激发他去仔细研究分析的基础。与三角级数和傅里叶级数唯一性有关的问题促使他研究 E. 海涅(E. Heine, 1821—1881)的工作。康托尔从寻找函数的三角级数表示的唯一性的判别法则开始了他的研究。

后来，他在施瓦茨(Schwarz, 1843—1921)的启发下证明了：假定对同一函数 $f(x)$，存在两个对每个 x 都收敛到同一值的三角级数表达式，将两式相减，得到一个 0 的表达式，同样对所有 x 的值收敛：

$$0 = C_0 + C_1 + C_2 + \cdots + C_n + \cdots, \tag{7.2}$$

其中 $C_0 = \frac{1}{2}d_0$，$C_n = c_n \sin nx + d_n \cos nx$。

1870 年 3 月，康托尔发表了一个关于唯一性定理所需要的初步结果。后来，人们把它叫康托尔-勒贝格定理。同年 4 月，康托尔证明了：当 $f(x)$ 用一个对一切 x 都收敛的三角级数表示时，就不存在同一形式的另一级数，它也对每个 x 收敛并且代表同一函数 $f(x)$。在另一篇论文中，他给出了上述结果的一个更好的证明。康托尔还证明了唯一性定理可以重新叙述为：如果对一切 x，有一个收敛的三角级数 $\frac{a_0}{2} + \sum_{n=1}^{\infty}\left(a_n \cos nx + b_n \sin nx\right)$ 等于零，则系数 a_n 和 b_n 都是零。

1871 年，康托尔将这个结果推广到可以存在着有限个例外的点。到了 1872 年，他又将结果进一步推广到无穷多个例外的点。

为了描述这种点所构成的集合，他引进了点集的导出集的概念。为了说明无穷多个例外点的性质，他以一集合的导出集的性质为标准，对无穷集做了一次分类。乔丹评论道：

康托尔把对傅里叶级数的研究与魏尔斯特拉斯算术化研究中所用的基本方法、结果结合起来，创立了集合论，超穷序数与超穷基数的发现使集合论研究达到顶峰。(Jourdain, 1917)

另外，傅里叶的工作推动了对偏微分方程求解的研究。他利用变量分离等方法，并结合边界条件，通过特解的组合确定热传导方程的一般解，再结合初始条件(若没有初始条件则结合边界条件)利用特殊函数的正交性确定一般解中的系数，从而把边界条件与初始条件添加进偏微分方程的一般解。在这方面，傅里叶做出了突破。当然欧拉与达朗贝尔在波动方程的求解中也曾经运用了把边界条件加进偏微分方程的一般解的方法。但傅里叶是第一个一贯使用这种方法的人。傅里叶的工作使偏微分方程的求解用一个有力的一般方法代替了天才的技巧。我国数学家、微分方程领域的著名学者申又枨(1901—1978)曾经评论道，傅里叶的创造，是给各种类型的偏微分方程(波动方程、扩散方程、拉普拉斯方程)提供了一种统一的求解方法。(吴文俊，2003a)[744]

19 世纪纯粹数学最重大的成果都与三角级数密切相关。乔丹曾有这样的论述，“实际上，……，从 19 世纪直到现在，数学分析中使用的一些主要概念的起源都可以追溯到傅里叶。”(Bose, 1917)傅里叶级数是一个给数学家可以带来永恒惊喜的源泉，它在分析中展示了不可想象的威力。它推动了数学的严密化，它引领数学走向现代批判时期。三角级数理论在 19 世纪数学的发展中产生了丰硕的成果：它促使数学家从连续函数中分离出可微函数；促使数学家把积分学建立在独立于微分学的基础之上；促使数学家关注非正则集合与不连续集合；为不连续函数打开了进入分析的大门；促进了实变量函数理论的建立。

第 8 章　傅里叶级数在中国的传播(1928—1950)

> 陈建功关于傅里叶级数的论文，标志着中国现代数学的兴起。
>
> ——苏步青(1902—2003)

中国现代数学的先驱陈建功、王福春、周鸿经、卢庆骏、徐瑞云、程民德、项黼宸等人为傅里叶级数在中国的传播与研究做出巨大贡献。其中，贡献最大的是陈建功先生。他在 1928 年发表了重要论文(Chen, 1928)，其中关于三角级数在区间上绝对收敛的充分必要条件被誉为“陈-哈代-李特尔伍德定理”，这是中国现代数学取得的第一个具有世界水平的成果，标志中国现代数学开始走向世界。正如数学家李仲珩于 1947 年在总结我国现代数学的发展时所指出的，“走分析这条路，是陈建功和熊庆来两位领导起来的。其中成就最大的要算傅里叶级数的研究者，尤以王福春为难能可贵。”(李仲珩，1947)

8.1　傅里叶级数在中国的研究概况

8.1.1　研究论文

据不完全的资料统计，从 1928 年至 1950 年，中国学者在国外发表有关傅里叶级数的研究论文共 93 篇，在国内发表相关学术论文 34 篇(Yuan, 1963；李熙汉，1951；张友余，2016)。其中，在国外发表文章的作者有 10 人，分别是：陈建功 21 篇，王福春 34 篇，程民德 15 篇，卢庆骏 9 篇，周鸿经 8 篇，徐瑞云 2 篇，项黼宸、冯乃谦、朱良璧、周怀衡各 1 篇；在国内发表文章的作者涉及 12 人，分别是：陈建功 7 篇，程民德 6 篇，项黼宸 5 篇，周鸿经 3 篇，王寿仁 3 篇，王福春 2 篇，卢庆骏 2 篇，魏德馨 2 篇，吴有训、王季同、曾炯、范会国各 1 篇。

据目前已有资料统计，从 1928 年到 1950 年间，我国共有 147 位学者，在国外发表学术论文 910 篇。其中，傅里叶级数研究的论文占比为 10.22%，学者占比为 0.68%。从这两组数据可以看出，当时傅里叶级数研究是我国现代数学研究的主流方向之一。

8.1.2　研究专著

1929 年，陈建功把有关傅里叶级数的研究成果写成博士论文并通过答辩，成为在日本取得理学博士学位的第一位外国学者。怀着振兴中国现代数学理想的陈建功，婉言谢绝了导师希望他留在日本东北帝国大学继续从事数学研究的建议，准备回国。但他遵循了导师的另一项建议，就是写一部关于三角级数的专著。由于陈建功早已熟悉了国际上有关三角级数的研究概况，他废寝忘食，在自己研究工作的基础上，综合当时国际上最新成果，用日文撰写了专著《三角级数论》，著名的岩波书店出版了这本书。该书不仅内容丰富，而且许多数学术语的日文表达均属首创，数十年后仍被列为日本基础数学的参考文献。这本《三角级数论》的出版早于美籍波兰裔著名数学家赞格蒙(Zygmund, 1900—1992)的名著《三角级数》及 S. 卡兹玛茨(S. Kaczmarz, 1895—1939)与斯坦因豪斯(Steinhaus, 1887—1972)的名著《正交级数论》，仅比托内利(Tonelli)的《三角级数》晚 2 年。可以说，这是世界上最早的也是最著名的有关傅里叶级数的专著之一。

《三角级数论》分两编，第一编为积分概论，主要介绍三角级数的预备知识，包括点集与积分；第二编为傅里叶级数，共 7 章，其中 1 章介绍一般三角级数理论，其余 6 章介绍傅里叶级数理论。该书关于傅里叶级数和一般三角级数的理论，概括了当时国际数学界的一些最新研究成果，也包括陈建功自己的研究成果。此书在日本影响较大，1984 年出版的《日本数学 100 年史》将其作为日本昭和前期实变函数论领域的一项重要成果。

8.1.3　傅里叶级数领域获得的国家成果奖励

1940 年 5 月，国民政府教育部起草了《著作发明及美术作品奖励规则草案》，由教育部学术审议委员会讨论、修正通过后正式颁布了《著作发明及美术品奖励规则》(以下简称《规则》)。作为国民政府的一个学术奖励的纲领性文件，《规则》对于学术奖励的范围、奖励时段、申报方法、评奖等级及方法等都做了比较详细的规定。其中，奖励的范围分三类：一是著作类，包括文学(小说、剧本、词曲、诗歌以及文学研究论文)、哲学、社会科学、古代经籍研究等；二是发明类，包括自然科学、应用科学、工艺制造等；三是美术类，包括中西绘画、图案、工艺美术、雕塑、乐曲与乐理等。奖励时段规定为在最近三年内完成的成果。《规则》规定：著作发明及美术作品参加奖励之候选者，由教育部提出，或由学术审议委员会推荐，原著作人发明者或美术制作者亦得自由申请。但每人于每类中以参加一种作品为限。(中国第二历史档案馆，1997)[55-56] 该规则还规定：申请奖励之著作及科学发明之论文，以用中文叙述并已出版者为原则，原稿如系用外国文字撰述者，须将全文译成中文随缴。(中国第二历史档案馆，1997)[55-56]《规则》要求自行申请者需提供具有以下资格的两位专家学者的推荐意见：曾进行过该方向研究工作的并曾任或现任专科以上学校校长、院长或教授，曾任或现任研究所之研究员；或者曾进行过该项科研工作并获得过重要研究成果者。《规则》把奖励规定为一、二、三等奖 3 个等级，并进行了详细说明。(薛有才等，2017)

经教育部学术审议委员会评议审定，从 1941 年至 1947 年，国民政府共颁发六届学术奖励。数学学科共有 14 位数学家(15 人次)获得 15 项奖励(包括胡世华获得哲学类三等奖)(教育部学术审议委员会，1948)：一等奖 4 项，二等奖 3 项，三等奖 8 项，3 项应用数学奖分别由机电专家吴大榕、土木建筑家蔡方荫与王仁权获得；另外还有陆德慧获得 1 项鼓励性质的“奖助”。获奖领域包括：傅里叶级数(5 项)、微分几何(4 项)、代数学(3 项)、应用数学(3 项)、概率论与数理统计(2 项)、数论(1 项)，另有珠算 1 项获奖助。(薛有才等，2017)

其中，关于傅里叶级数的获奖项目有以下几个。

第二届(1942 年度)：周鸿经以《傅氏级数论文》获得二等奖。

第三届(1943 年度)：陈建功以《傅氏级数之蔡查罗绝对可和性论》(论文)获一等奖，王福春以《傅氏级数之平均收敛》(论文)、卢庆骏以《傅氏级数之求和论》(论文)分别获得三等奖。

第六届(1946—1947 年度)：王福春以《三角级数之收敛理论》(论文)获得一等奖。

数学学科共获得 18 项国民政府学术奖励，其中傅里叶级数领域获得 5 项，占比 27.8%；数学学科获得一等奖 4 项，傅里叶级数领域获得 2 项，占比 50%。以上数据充分说明傅里叶领域的研究在中国现代数学发展历程中起到带头作用。

8.1.4 傅里叶级数领域获得的博士学位

博士学位论文是学者学术研究水平的体现。民国时期，以傅里叶级数为研究方向获得数学博士学位的学者共有四位，具体情况如下：

(1)陈建功，1929 年从日本东北帝国大学获得博士学位，导师为藤原松三郎，博士论文题目为《三角级数论》(日文)。

(2)徐瑞云，1940 年从德国慕尼黑明兴大学获博士学位，导师为世界著名数学家卡拉西奥多里(Carathéodory, 1873—1950)，博士论文题目为《关于勒贝格分解中奇异函数的傅里叶展开》(*Über die Fourievsche entwicklung der singulären funktion bei einer Lebesguesehen ehen zerlegung*)。

(3)卢庆骏，1948 年从美国芝加哥大学数学研究院获得博士学位，导师为世界著名三角级数大师赞格蒙，博士论文题目为《关于傅里叶系数性质的注记》(*Note on the properties of Fourier coefficients*)。

(4)程民德，1949 年获美国普林斯顿大学博士学位，导师为世界著名数学家博赫纳(Bochner, 1899—1982)，博士论文题目为《多重三角级数唯一性定理》(*On the uniqueness theorem of multiple trigonometrical series*)。

从目前资料知道，我国学者从 1917 年胡明复先生获得第一个数学博士学位开始，至 1949 年，我国共有 88 位学者获得数学博士学位(张友余，2016)。我国以傅里叶级数研究获得博士学位的学者占当时博士学位的比例为 0.045%。

8.2　中国学者对傅里叶级数的主要贡献

8.2.1　陈建功的主要贡献

陈建功，浙江绍兴人，1913 年毕业于浙江两级师范学校，同年考取官费留学日本资格，赴日本东京高等工业学校学习染色工艺；1919 年回国，应聘于杭州省立甲种工业学校，教授染织工业课程。1920 年，陈建功二次东渡日本，入东北帝国大学数学系学习，次年在日本《东北数学杂志》上发表《关于无穷乘积的几个定理》的论文。苏步青在《陈建功文集》序言中写道，(这篇论文)无论在时间上或在内容上，都标志了中国现代数学的兴起。从此以后，特别是从 1927 年以后，我国数学家在国内外数学专刊上发表的论文一天天地增加。

1923 年，陈建功从日本东北帝国大学数学系毕业，受聘于浙江公立工业专门学校教数学，翌年应聘为国立武昌师范大学数学系教授。1926 年，他三渡日本，进入东北帝国大学数学系读博士，师从藤原松三郎研究三角级数论。这是我国学者系统学习与研究傅里叶级数的始点。(施咸亮，2011；王思雷，1993)

收敛性是傅里叶级数中最为重要的问题，而该理论的创始人傅里叶在 19 世纪初期的创始阶段一直误认为一切周期函数 $f(x)$ 在满足一定条件下都是三角级数在点态收敛意义下的和。直至 1876 年，数学家杜布瓦雷蒙(Du Bois-Reymond, 1831—1889)构造了一个周期为 2π 的连续函数，它在周期区间内除一点外是某个三角级数之和，但在这个例外点上该三角级数不收敛，从而引起了三角级数收敛性的讨论，包括三角级数在一点的收敛性与整体的绝对收敛性，并使得“函数的傅里叶级数是否必收敛于函数本身”成为三角级数研究的中心课题。

关于傅里叶级数整体绝对收敛的判别定理有博赫纳判别法、赞格蒙判别法等。陈建功 1928 年在《日本帝国科学院院刊》第 4 卷上发表《论带有绝对收敛的傅氏级数的函数类》的重要论文(Chen, 1928)，给出了一个三角级数绝对收敛的刻画定理：一个周期为 2π 的三角级数绝对收敛的充分必要条件为该三角级数为亨利 · 杨(H. Young, 1863—1942)的连续函数的傅里叶级数。这里，所谓的亨利 · 杨函数是指周期为 2π 的函数 $f(x)$，若它是两个平方可积函数的卷积。该结果同时也被英国数学家哈代和李特尔伍德独立获得，他们的文章发表在 1928 年第 28

卷的德国数学杂志上。由于《日本帝国科学院院刊》创刊时间晚，国际知名度相对较小，因而人们称这一漂亮的结果为“哈代–李特尔伍德定理”，事实上准确的命名应为“陈–哈代–李特尔伍德定理”。如上所言，这是中国现代数学第一个达到世界水平的结果，是中国现代数学追赶世界先进水平的第一个标志性成果。

关于傅里叶级数在一点的收敛性有迪尼(Dini, 1845—1918)、乔丹(Jordan, 1842—1899)、狄利克雷、格根(Gergen, 1903—1967)等数学家建立的各种判别方法，但这些判别方法都是仅仅给出了傅里叶级数在一点收敛的充分条件。能否给出一个收敛的充分必要条件呢？这是当时该领域研究者的一个重要追求目标。1930 年，陈建功首先达到目标，他指出傅里叶级数在一点 x_0 收敛的充分必要条件是

$$\varphi_2(t)\to 0(t\to 0),\quad n\int_0^{\pi}\varphi_1(t)\cos nt\mathrm{d}t\to 0(n\to\infty),$$

其中

$$\varphi_0(t)=\frac{1}{2}[f(x_0+t)+f(x_0-t)-2f(x_0)],\quad \varphi_k(t)=\frac{1}{t}\int_0^t\varphi_{k-1}(t)\mathrm{d}t,\ k=1,2,\cdots。$$

关于傅里叶级数共轭级数收敛性有米斯拉(G. Misra)判别法，1942 年陈建功先生改进了这一方法，给出了一个新的结果，这一结果相当于傅里叶级数收敛的格根判别法。

进一步，陈建功还讨论了傅里叶级数与其共轭级数在一点的绝对收敛性。设 $f(x)\in L_{2\pi}$，记

$$\varphi(t)=\frac{1}{2}[f(x_0+t)+f(x_0-t)],\quad \psi(t)=\frac{1}{2}[f(x_0+t)-f(x_0-t)]。$$

1945 年，陈建功指出，若 $\int_0^{\pi}|\mathrm{d}\varphi(t)|<\infty,\int_0^{\pi}|\mathrm{d}(t\varphi'(t))|<\infty,$，则 $f(x)$ 的傅里叶级数在点 x_0 处绝对收敛。1946 年，他又指出，若条件 $\int_0^{\pi}\left|\psi(t)t^{-1}\right|\mathrm{d}t<\infty$ 和 $\psi(\pi-0)=0$ 成立，则条件 $\int_0^{\pi}|\mathrm{d}\varphi(t)|<\infty$ 和 $\int_0^{\pi}|\mathrm{d}(t\varphi'(t))|<\infty$ 蕴含 $f(x)$ 的共轭级数在点 x_0 处绝对收敛。

20 世纪初，自勒贝格测度与积分理论问世后，一方面，黎曼积分就推广到勒贝格积分、当茹瓦(Denjoy)积分、斯蒂尔切斯(Stieltjes)积分，柯西的连续定义推广到半连续、平均连续、全连续等；另一方面，费耶尔(Fej é r)的著名定理引导研究者把傅里叶级数的收敛性扩充到求和法、强性收敛等方面的讨论上来，极大扩充了傅里叶级数的研究领域与研究方法。费耶尔、哈代、李特尔伍德、亨利 · 杨、赞格蒙等人做了大量工作，推进了傅里叶级数的研究。

切萨罗(Cesaro, 1859—1906)绝对可和性，也即$|C,\alpha|$可和性，是绝对收敛性的推广，其中的$|C,0|$可和即等价于绝对收敛。设$p>1$, $0<k<1$, $\alpha_0=\max\left(\frac{1}{2}-k,\frac{1}{2}+k\right)$, $f(x)\in L_{2\pi}$。1944 年，陈建功指出，若存在数q使得$q+pk>1$，且当$h\to 0^+$时，$\int_{-\pi}^{\pi}|\psi(t+h)-\psi(t-h)|^p t^{-q}\mathrm{d}t=O(h^{pk})$，那么当$\alpha>\alpha_0$时，$f(x)$的傅里叶级数在点$x_0$ $|C,\alpha|$可和；当$\beta>-k$时，$f(x)$的傅里叶级数在点x_0 $|C,\beta|$可和。这一结果推广了赞格蒙关于傅里叶级数的绝对收敛定理。

勒贝格测度与积分理论的建立，使得傅里叶级数的几乎处处收敛问题逐渐为研究者所重视。1906 年，法图(Fatou, 1878—1929)首先给出了一个傅里叶级数几乎处处收敛的条件：设$w(n)=n$, $\sum_{n=1}^{\infty}\left({a_n}^2+{b_n}^2\right)w(n)<\infty$，则$f(x)$的傅里叶级数

$$f(t)\sim\frac{a_0}{2}+\sum_{n=1}^{\infty}(a_n\cos nt+b_n\sin nt)\tag{8.1}$$

几乎处处收敛。

1909 年，外尔(Weyl，1885—1955)将条件$w(n)=n$降低到$w(n)=n^{1/3}$；1913 年，霍布森(Hobson, 1856—1933)又一次降低条件到$w(n)=n^{\varepsilon},\varepsilon>0$为任意正数；同年，普朗歇尔(Plancherel，1885—1967)和哈代又分别把条件改进为$w(n)=\log^3 n$[①]与$w(n)=\log^2 n$。不久，卢津(Luzin, 1883—1950)进一步提出了猜想，认为$w(n)=1$，即式(8.1)为平方可积函数的傅里叶级数时，级数(8.1)将几乎处处收敛。(王思雷，1993)

卢津猜想引起了世界上许多一流数学家如柯尔莫哥洛夫(Kolmogorov, 1903—1987)等的关注。围绕着它，在长达 53 年的研究中，出现了许多重要成果，如柯尔莫哥洛夫与普勒斯纳(Plessner，1892—1985)进一步把$w(n)=n$降低到$w(n)=\log n$。考虑到傅里叶级数(8.1)是由特殊的就范直交函数系$\{1,\sin nx,\cos nx\}$, $n=1,2,\cdots$所组成，人们自然会问：卢津猜想对于一般的就范直交函数系$\{\varphi_n(x)\}$所成的傅里叶级数是否也成立？这就从更高的观点去研究卢津猜想。以下是关于这个问题的最重要的研究成果。

设$\{\varphi_n(x)\}$是$[0,1]$上的就范直交函数系。

定理 1 (Rademacher，1922) 若$\sum c_n^2\log^2 n<\infty$，则级数$\sum c_n\varphi_n(x)$在区间$[0,1]$上几乎处处收敛。

---

① 此处引用文献，指自然对数，下同。

定理 2 (Menchoff, 1926) 若级数 $\sum c_n^2 (\log\log n)^2 < \infty$，则级数 $\sum c_n \varphi_n(x)$ 几乎处处 $(C,1)$ 可和。

定理 3 (S. Bergen, S. Kaczmarz, 1927) 若级数 $\sum c_n^2 (\log\log n)^2 < \infty$，则 $\sum c_n \varphi_n(x)$ 的部分和 $S_n(x)$ 的子序列 $\left\{S_{2^n}(x)\right\}$ 几乎处处收敛。

定理 4 (陈建功，1928) 定理 1, 2, 3 是等价的。

陈建功的等价性定理实际上为卢津猜想的证明提供了新的思路。1966 年，瑞典数学家卡勒松(Carleson, 1928—)证明了卢津猜想。

对于区间 (a,b) 上的正交函数系 $\{\varphi_n(x)\}$，定义 $\rho_n(x) = \int_a^b \left| \sum_{k=1}^{n} \varphi_k(x)\varphi_k(y) \right| \mathrm{d}y$ 为其勒贝格函数。1922 年，拉德马赫(Rademacher, 1892—1969)给出一个估计：在区间 (a,b) 中几乎处处成立

$$\rho_n(x) = O\left(\sqrt{n}(\log n)^{\frac{3}{2}+\varepsilon}\right), \quad \varepsilon > 0。$$

埃米尔 · 希尔布(Emil Hilb, 1882—1929)认为这一估计是最佳的。1929 年，陈建功改进了这一估计，给出了一个更好的估计结果：

$$\rho_n(x) = O\left(\sqrt{n}(\log n)^{\frac{1}{2}+\varepsilon}\right), \quad \varepsilon > 0。$$

8.2.2 王福春的主要贡献

王福春(1901—1947)，字梦强，江西安福县人。1922 年，他投考武昌高等师范学校时，他“以微积分解数学题，曾为阅卷者所惊异”。一开始，受“实业救国”思想的影响，他选定了理化系。一年半以后，他发现自己虽未专攻数学，但“成绩冠全校”，比数学系的学生学得还好，于是决定转入数学系学习。而恰在他转到数学系后不久，陈建功先生从日本留学归来后应聘到该系任教。在陈建功的指导下，他在课余时间广泛阅读了大量数学著作。名师的指导与自己刻苦的学习，为他奠定了一生科学研究的坚实基础。1929 年春，王福春东渡日本，到东北帝国大学留学深造。回国后任西北农林专科学校数学教授。由于多年劳累过度，到陕西武功后对那里的气候、饮食又极不适应，他的身体日渐孱弱，染上了肺结核。1938 年春，他应浙江大学陈建功、苏步青的邀请任浙江大学数学系教授，并随浙江大学从浙江建德一路西迁。从此，他一直在浙江大学任教至 1946 年。1946 年至 1947 年间应陈省身的邀请兼任中央研究院数学研究所研究员。因过度紧张的工

作，肺病加剧，于 1947 年 9 月 26 日病逝。一代学者，英年溘逝，年仅 46 岁。(叶彦谦，1947)

日本东北帝国大学是当时日本数学研究中心之一，傅里叶级数是该校研究的一个重点，王福春的老师陈建功先生就是在这里获得数学博士学位。在藤原松三郎领导下，东北帝国大学有一批学者在傅里叶级数领域做出了许多贡献，在国际数学界具有一定影响。于是，留学期间的王福春选定黎曼 ξ 函数和傅里叶级数作为自己的研究方向。王福春的研究工作主要集中在傅里叶级数的强性求和(strong summability)、绝对求和(absolute summability)、里斯求和(Riesz summability)以及求和因子等方面。

英国数学家哈代与李特尔伍德是傅里叶级数研究方面的国际著名专家。王福春的许多工作是在他们工作的基础上进行的，并对他们的工作做出了极大改进与深化。1933 年，他在《帝国科学院通报》上发表了第一篇论文《用里斯对数平均求傅里叶级数的和》。(Wang, 1933)该文解决了哈代 1931 年提出的两个问题并推广了赞格蒙关于用里斯对数平均求傅里叶级数和的一个定理。

关于傅里叶级数的里斯求和法，王福春的主要工作的核心是讨论 $(R,e^{w'},k)$ 式的求和法及其在收敛理论上的应用。主要结果(Wang, 1942a, 1942b, 1943, 1944)如下：

设 $f(x)\in L_{2\pi}$，$f(x)$ 的傅里叶级数为 $f(t)\sim\dfrac{a_0}{2}+\sum\limits_{n=1}^{\infty}(a_n\cos nt+b_n\sin nt)$。令 $\varphi(t)=\dfrac{1}{2}\{f(x+t)+f(x-t)-2f(x)\}$，则有

(1)若 $\varphi(t)$ 满足 $\int_0^t|\varphi(u)|\,\mathrm{d}u=o(t),t\to 0$，则 $f(x)$ 的傅里叶级数 $f(t)$ 于点 $t=x$ 点处 $(R,e^{w'},k)$ 可和，$0<\alpha<1$，对某一 $k>0$ 成立，则在此点 $f(t)$ 必 $(R,e^{w'},k)$ 可和，n 为任一正数。

(2)若 $\varphi(t)$ 满足条件

$$\int_0^t|\varphi(u)|\mathrm{d}u=o\left(\frac{t}{\log\frac{1}{t}}\right),\ t\to 0, \tag{8.2}$$

则 $f(x)$ 的傅里叶级数 $f(t)$ 于点 $t=x$ 处 $(R,e^{w'},\gamma)$ 可和，$\gamma>0$。

(3)若 $\varphi_\beta(t)=\dfrac{1}{\Gamma(\beta)}\int_0^t(t-u)^{\beta-1}\varphi(u)\mathrm{d}u=o(t^\gamma),\ t\to 0,\ \gamma>\beta>0$，则 $f(x)$ 的傅里

叶级数 $f(t)$ 于点 $t=x$ 点处 $\left(R,\mathrm{e}^{w\left(1-\frac{\beta}{\gamma}\right)},\tau\right)$ 可和，对每一 $\gamma>\tau$ 成立。

1934 年，哈代与李特尔伍德在《傅里叶级数收敛的几个新准则》中证明了下述定理。(Hardy, 1944) [96]

定理 1 设 $f(x)\in L_{2\pi}$ 是一周期为 2π 的勒贝格可积函数，若 $\varphi(t)$ 满足条件(8.2)，且

$$A_n=a_n\cos nt+b_n\sin nt>-kn^{1-\delta}\,(\delta>0), \tag{8.3}$$

则 $f(x)$ 的傅里叶级数 $f(t)$ 于 x 点处收敛。

进一步地，他们提出问题，上述定理中的条件(8.2)能否减弱为

$$\int_0^t\varphi(u)\mathrm{d}u=o\left(\frac{t}{\log\frac{1}{t}}\right)(t\to 0)\text{。} \tag{8.4}$$

王福春证明了存在一连续函数 $\varphi(t)$，尽管它满足式(8.3)和(8.4)，但 $\varphi(t)$ 的傅里叶级数在 $t=0$ 点却发散，从而对上述问题做出了否定回答。但是，他进一步证明了此问题可用 $\left(R,\mathrm{e}^{(\log w)^2},1+\delta\right)$ 式平均法求和，只需 $\delta>0$。他还证明，若将条件(8.2)(8.3)分别改为

$$\int_0^t\varphi(u)\mathrm{d}u=o(t^k)\quad(k>1)\,, \tag{8.5}$$

$$A_n>kn^{-1/k}\,, \tag{8.6}$$

哈代与李特尔伍德问题成立。他还证明，上述问题也可由下述条件：

$$\varphi_\beta(t)=O(t^\gamma),\ \gamma\geqslant\beta>0;\quad \int_0^t|\varphi(u)|\mathrm{d}u=o(t),\ t\to 0;\quad A_n>kn^{-\beta/\gamma} \tag{8.7}$$

推得。

关于傅里叶级数的强性求和法方面，王福春的工作(Wang, 1944a; 1944b; 1944c; 1945)的核心是证明了 1935 年哈代与李特尔伍德的一个推测：设 $f(x)\in L^\gamma$，$S_n(t)=\frac{1}{2}a_0+\sum_{k=1}^{n}(a_k\cos kt+b_k\sin kt)$，当 $\gamma>1$ 时，哈代与李特尔伍德及卡莱曼(Carleman, 1892—1949)证明，若 $\varphi(t)$ 在点 $t=x$ 满足 $\int_0^t|\varphi(u)|^\gamma\,\mathrm{d}u=o(t),t\to 0$，则有

$$\sum_{k=1}^{n}\left|S_k(x)-f(x)\right|^2=o(n) \tag{8.8}$$

在该点成立。但是此结果对于 $\gamma=1$ 不成立。哈代与李特尔伍德推测，若 $|f|\log^+|f|$ 可积分，$\varphi(t)$ 在点 $t=x$ 满足

$$\int_0^t|\varphi(u)|\left\{1+\log^+|\varphi(u)|\right\}\mathrm{d}u=o(t),\quad t\to 0, \tag{8.9}$$

则式(8.8)成立。王福春证明了这一推测。进一步地，他还证明，若将条件(8.9)改为

$$\int_0^t|\varphi(u)|\mathrm{d}u=o\left(\frac{t}{\left[\log\frac{1}{t}\right]^{\alpha}}\right),\quad t\to 0,\quad \alpha>\frac{1}{2}, \tag{8.10}$$

结论(8.8)也成立。

王福春关于傅里叶级数绝对求和法方面主要的工作(Wang, 1941; 1942c)如下：

$$\sum\left(|a_n|^p+|b_n|^p\right)(\log n)^{p-1+\varepsilon}<\infty\quad(1<p\leqslant 2,\varepsilon>0), \tag{8.11}$$

则 $f(x)$ 的傅里叶级数 $f(t)$ 几乎处处 $|C,\alpha|$ 可和。此时，$\varepsilon\neq 0$。当 $\varepsilon=0$ 时，$f(t)$ 虽然满足条件(8.11)，但 $f(x)$ 的傅里叶级数 $f(t)$ 可在几乎每一点 $t=x$ 处不能以 $|A|$ 平均法求和。

王福春的另一项工作是关于黎曼 ζ 函数，他改进了李特尔伍德的一个中值定理，并对 ζ 函数的零点个数进行过估计；他还改进了佩利(Paley, 1907—1933)和 N. 维纳(N. Wiener, 1894—1964)的中值定理并证得一个中值公式。直至他英年早逝之前，还一直在带病研究黎曼 ζ 函数。(叶彦谦，1948)此处不再赘述。

王福春的这些工作得到中外数学界与数学史界的一致好评。1983 年，日本岩波书店出版的《日本数学 100 年史》，对中国留学生的工作只提到他与陈建功、苏步青，“其(王福春)成绩使日本治数学者惊异，吾国数学见重于日本，实以陈建功与先生及苏步青三君为始。”就连国际著名数学家哈代、李特尔伍德“俱于先生之成就，极力赞许”。正因为对分析学的卓越贡献，他两次获得民国政府学术奖励。

8.2.3　周鸿经的主要贡献

周鸿经(1902—1957)，1922 年进入东南大学算学系，1927 年自该校毕业，先随周家树到厦门大学算学系任助教一年，后又在南京任中学数学教师一年，1929 年应聘清华大学讲授微积分。1934 年秋季进入英国伦敦大学，随博赞基特(Bosanquet, 1903—1984)学习解析函数论。1937 年夏，以两篇论文《解析函数模

之平均值》(*The mean value of the modulus of an analytic function*)、《劣谐和函数》(*Sub-harmonic functions*)获得主持考试答辩的著名数学家哈代的赞誉，被授予特优星号之理科硕士学位。硕士毕业，应导师建议，补修博士学位学分，准备以“幂级数在收敛圆上之绝对切萨罗可和性问题”作为博士论文课题进行研究。不料抗日战争全面爆发，怀着拳拳报国之心，他急忙结束博士学位课程学习，毅然返国。1937 年秋回到国内，应聘已经西迁入川的中央大学任数学教授，1938 年任中央大学师范学院数学系主任职务，1939 年又兼任中央大学理学院数学系主任；1941 年任中央大学训导长。1944 年冬，赴印度孟买去塔塔研究所(Tata Institute)做研究。1945 年 3 月应民国教育部长朱家骅之邀，任教育部高等教育司司长。1948 年 8 月任南京中央大学校长。(李新民等，1999)

周鸿经的数学研究工作主要集中于三角级数与幂级数的收敛问题。他以傅里叶级数的收敛方法研究幂级数的收敛问题，取得诸多成果。在繁忙的行政事务之余，仍然尽力进行数学研究，先后发表数学学术论文 20 多篇，其中在 1937 年至 1950 年间发表学术论文 11 篇；其文章有 19 篇发表于《伦敦数学会会报》(*Proceedings of the London Mathematical Society*)，《伦敦数学》(*the London Mathematical Society*)以及《数学季刊》(*Quarterly Mathematics, Oxford, 2nd series*)三种期刊上。1957 年 4 月，周鸿经接到他的导师博赞基特的信,说伦敦大学认为他发表的论文已多，预备授予他科学博士学位，向他索要全部论文。当时他在美国，即写信给中国台湾的家人，要家人将他的论文收拾齐备后寄到英国。谁料突发癌病，竟撒手人寰，令人扼腕。

周鸿经的第一篇(Chow, 1937)与第二篇论文(Chow, 1938)主要研究幂级数的绝对切萨罗可和性问题。在第一篇文章中，他考虑属于复类 $\mathrm{Lip}(k,p)$ 之函数，也即考虑具有下列性质的函数：

$$M_p(r,f')=o\left\{(1-r)^{-1+k}\right\},\quad 0\leqslant r<1,$$

其中，$p>0,\ \ 0\leqslant k<1$ 的幂级数的绝对切萨罗可和性问题。第二篇论文的主要定理如下：

设 $M_\lambda(r,f)=\left[\dfrac{1}{2\pi}\displaystyle\int_{-\pi}^{\pi}\left|f(re^{i\theta})\right|^{\lambda}\mathrm{d}\theta\right]^{1/\lambda}$，其中函数 $f(z)$ 在 $|z|<1$ 时为正则的. 若 $M_\lambda(r,f')$ 在 $0\leqslant r\leqslant 1$ 时有界，$0<\lambda<1$ (也即 $f'(z)\in L^\lambda$)，则相关的幂级数在单位圆上几乎处处 $\left|C,\lambda^{-1}-1\right|$ 可和。

当时，周鸿经的导师博赞基特在获知莫顿(Morton 1908—1984)已经得到结果：属于实类 $\mathrm{Lip}k\left(0\leqslant k\leqslant\dfrac{1}{2}\right)$ 函数的傅里叶级数是 $|C,\alpha|$ 可和的，其中，$\alpha>\dfrac{1}{2}-k$。

同时，博赞基特知道周鸿经已经独立得到有关幂级数的类似结果：属于复类 $\mathrm{Lip}(k,p),\left(0<k\leqslant\frac{1}{2},p>2\right)$ 函数的幂级数是 $|C,\alpha|$ 可和的，其中，$\alpha>\frac{1}{2}-k$。由此，立即可得上述莫顿的结果。(李新民等，1999) 于是，博赞基特催促周鸿经赶快将文章整理投出发表。结果上述两文几乎同时刊出。后来，他又将此结果推广到傅里叶级数：

设 $f(x)\in\mathrm{Lip}(k,p)$，若 $1<p\leqslant 2$，$kp>1$，则函数 $f(x)$ 的傅里叶级数是 $|C,\alpha|$ 可和的，其中，$\frac{1}{p}-k<\alpha<0$。

如众所知，哈代与李特尔伍德曾求得傅里叶级数与幂级数在特定点之切萨罗可和性与其函数之切萨罗连续性之关系，周鸿经的导师博赞基特又证明了傅里叶级数的绝对切萨罗可和性与其函数之切萨罗平均值有界变分有类似关系，周鸿经进一步推断，幂级数在特定点的整数阶绝对切萨罗可和性与其函数之平均值的有界变分有类似关系。(Chow, 1939) 在该文中，他获得了函数级数 $|C,\alpha|$ 可和性的充分必要条件，类似于哈代、李特尔伍德、克诺普 (Knopp, 1882—1957)、安德森 (Anderson, 1582—1620) 四人的结果。

在与其导师博赞基特合作的论文 (Bosanquet et al., 1941) 中，他们讨论了两个级数的可和性之阶的有关问题，所得结果比他此前的结果更为广泛深刻。在之后发表的一系列论文 (Chow, 1940; 1941a; 1942) 中，他讨论了函数的广义跳跃与从傅里叶系数所形成的切萨罗平均性的关系；他还讨论了幂级数在特定点的绝对 (C,α) 可和之条件（Chow, 1947)；讨论有关函数的幂级数与傅里叶级数可和性因子的问题。这些结果，他都在后来发表的系列文章中进一步推广。(Chow, 1941b)

8.2.4　卢庆骏的主要贡献

卢庆骏 (1913—1995)，江苏镇江人，1931 年 7 月考入当时的浙江大学数学系。1946 年 9 月被选送美国芝加哥大学数学研究院随国际著名三角级数大师赞格蒙学习，1948 年获博士学位。1949 年 5 月，他回到母校浙江大学数学系，被聘任为教授兼数学系主任。1952 年 8 月，在中国高等院校院系调整中，他被分配到复旦大学数学系任教授。1953 年 3 月，调至中国人民解放军军事工程学院，任数学教研室主任、教授，并先后担任院科学研究部副部长和教务部副部长。此间，还被黑龙江大学聘任为数学系主任。

1962 年，他开始从事导弹与航天可靠性预测与评估、精度分析等研究工作。1964 年 6 月调入国防部第五研究院一分院任副院长兼研究所所长，1965 年又到第七机械工业部第一研究院；1988 年任航空航天工业部第一研究院技术顾问，1991 年任航空航天工业部科技委员会顾问，1993 年任中国航天工业总公司科技委员会顾问。1985 年，他荣获国家科技进步奖一等奖；1991 年，被评选为航空航天工业部有突出贡献的专家。

从 1941 年至 1950 年，在陈建功先生的带领下，卢庆骏主要从事傅里叶分析方面的研究，先后发表 11 篇有关傅里叶级数的文章。他最有名的工作是与王福春、程民德等共同解决了著名数学家哈代、李特尔伍德和 Z. Zalewaser 等人提出的一个悬而未决的问题：

设 $\{S_n(k)\}$ 是一个可积函数 $f(x)$ 的傅里叶级数的部分和数列，问 $\{S_n(k(x))\}$ 是否几乎处处可用 $\alpha>0$ 阶切萨罗求和？

王福春解决了 $k=2$ 的情形，程民德解决了 $k=2,3$ 的情形，卢庆骏利用范德科普(van der Corput, 1890—1975)关于三角和 $\sum_{n=2}^{6}\mathrm{e}^{2\pi i f(n)}$ 的绝对值估计的一个结果，解决了所有正整数 k 的 Z. Zalewaser 问题。卢庆骏与程民德的论文同时刊登在 1941 年日本的《东北数学杂志》第 48 卷上。

此后，卢庆骏在缺项傅里叶级数、傅里叶级数强性求和等方面获得系列成果，并在幂级数与傅里叶级数的绝对求和性方面取得比较深入的结果。由于他对赞格蒙的名著《三角级数》有深入的钻研，并在陈建功的指导下掌握了傅里叶分析的研究方法，很好地把握了三角级数前沿问题，所以当他于 1946 年到美国随赞格蒙攻读博士学位时，仅用两年时间就获得博士学位。

1943 年，卢庆骏以《傅氏级数之求和论》(论文)获得国民政府学术奖励三等奖。

8.2.5 程民德的主要贡献

程民德(1917—1998)，1935 年考入浙江大学电机系，由于数学成绩特别优秀，遂转入数学系学习；1940 年本科毕业后，转为研究生，跟随陈建功先生学习傅里叶分析理论；1946 年受聘于西南联合大学，并被推荐赴美读博士学位。1947 年程民德进入美国普林斯顿大学数学系，在著名数学家博赫纳教授指导下，学习与研究当时刚刚显露强大生命力的多元调和分析。仅用两年的时间，程民德在多元调和分析方面便完成了数篇高水平的论文，获得博士学位。此后，他继续在普林斯顿大学做博士后研究工作。在普林斯顿大学期间，他曾受教于世界著名数学家阿廷(Artin, 1898—1962)与谢瓦莱(Chevalley, 1909—1984)。两年半的普林斯顿生活，使程民德的学术眼界大开，给他今后的学术活动带来很大的影响。1950 年 1 月，程民德怀着一颗报效祖国的赤诚之心回国，在清华大学先后任副教授、教授。1952 年院系调整，他转到北京大学数学力学系任教。1978 年他担任北京大学数学研究所第一任所长，1980 年当选为中国科学院学部委员(院士)，是中国多元调和分析研究的开拓者。(彭立中等，2011)[23-28]

程民德早期的数学研究工作是研究一元傅里叶级数各种求和法以及求和因子等问题，共发表了 20 多篇学术论文。

如前所述，他的第一篇论文即是与王福春、卢庆骏一起解决了哈代、李特尔伍德和 Z. Zalewaser 等人提出的问题。他的第二篇论文得到了一个三角级数在整个区间上收敛的一个充分必要条件。此后一段时间，他的主要工作集中在傅里叶级数的切萨罗可求和性、傅里叶级数的可求和性因子、博赫纳-里斯(Bochner-Riese)平均的吉布斯(Gibbs)现象等问题上。他证明了如下结果：

若 $M_p(\delta_l f)=O(h^{\delta}),\delta_p>1,1<p\leqslant 2$，则 $[\varphi(t)]_1$ 在 $(0,\pi)$ 中是有界变差的，且 $[\varphi(t)]_1$ 的傅里叶级数绝对收敛。(Cheng, 1947)

在另一篇论文中，程民德得到傅里叶级数在一个点的可求和性条件。

直到 20 世纪 40 年代，调和分析理论只对一元函数来说是比较完整的，而多元调和分析由于种种原因一直未能取得实质性突破。许多分析专家一直致力于这一方面的工作。程民德到美国读博士后，及时地将研究方向从一元转向多元，开辟了一个崭新的研究领域。多重三角级数唯一性的最早结果，就是他于 1950 年获得的。人们知道，调和函数是满足拉普拉斯方程 $\Delta u=0$ 的二次连续可微函数；m 重调和函数就是 $2m$ 次连续可微函数，满足方程 $\Delta^m u=0$。问题是当只知道函数 u 仅有较少的光滑性时(例如只知有 $2m-2$ 次连续可微)，怎样来刻画 u 的 m 重调和性。这个问题，德国的勃拉希克(Blaschke, 1885—1962)于 1916 年解决了 $m=1$ 的情形。20 世纪 30 年代，尼科列斯库(Nicolescu, 1903—1975)对一般的 m 作出类似的刻画。程民德在研究多重三角级数唯一性时，他证明了：*如果二重(从而多重)三角级数的圆形和按 $(C,1)$ 可求和到零，则其系数皆为零。*为了证明多重三角级数的唯一性定理，他发展了多重调和级数研究领域。他发现尼科列斯库给出的条件只是必要而不充分的条件，为此引进了广义多重拉普拉斯运算的概念(记为 ∇^m)，并且在函数 u 是 $2m-2$ 次连续可微条件下证明了 $\Delta^m u=0$ 的充要条件是 $\nabla^m u=0$。

8.2.6 徐瑞云的工作

徐瑞云(1915—1969)是我国第一位女数学教授，浙江慈溪人。1936 年，她以优异成绩毕业于当时的浙江大学数学系，留校任助教。1937 年 10 月，徐瑞云进入德国慕尼黑明兴大学，随著名数学家卡拉西奥多里学习，研究三角级数论。

1940 年，徐瑞云以《关于勒贝格分解中奇异函数的傅里叶展开》获得博士学位。该文主要研究了有界变差函数的傅里叶级数的特征。1941 年，徐瑞云回到浙江大学，被聘为副教授。回国后，她继续博士研究方向，进一步研究有界变差函数傅里叶级数的特征(赵彦达等，2011)[342-346]，获得如下重要结果：

设 $f(\theta)$ 是区间 $0\leqslant\theta\leqslant 2\pi$ 中的有界变差函数，其变差 $f(2\pi-0)-f(2\pi+0)=$

$\pi\sigma(>0)$；设其傅里叶级数为 $\frac{a_0}{2}+\sum_{k=1}^{\infty}(a_k\cos k\theta+b_k\sin k\theta)$，此时有勒贝格分解：$f(\theta)=T(\theta)+S(\theta)$。(Süe-Yung Zee-Kiang, 1944)

她指出，对于上述函数 $f(\theta)$ 的全体而言，在 $2n$ 维空间中的点：

$$x(k)=1+\frac{kb_k}{\sigma}, y(k)=-\frac{ka_k}{\sigma} \quad (1\leqslant k\leqslant n)$$

的变化范围是一个 n 阶卡拉西奥多里区域。她进一步指出：如果保持前 $2n$ 个傅里叶级数的系数 $a_k,b_k(1\leqslant k\leqslant n)$ 固定，则这样的函数构成一个集。在这个函数集中，S 有正的最小值 S_n^*，且 S_n^* 还可用这 $2n$ 个傅里叶级数的系数表示出来。这是一个相当深刻的结果。

8.3 中国的傅里叶级数教育

中国现代数学教育起步较晚，但是进步飞快。中国的傅里叶级数教育主要有三种形式：大学本科的基础教育、硕士研究生教育、研究讨论班教育。

8.3.1 傅里叶级数的大学本科教育

1912 年，北京大学创办数学门，从此开始了中国现代数学的体制化教育。随后，北京高等师范学校、南京高等师范学校、私立南开大学、私立燕京大学等纷纷创办数学系。由于师资等多种原因，刚开始的大学数学教育并不规范，许多课程不能开设。大约 30 年代以后，中国的大学数学教育基本正规化，开设的课程已经达到国际一般本科数学教育的水平。

关于傅里叶级数理论本科教学，我们可以看到，部分大学已经开设级数理论课程，其中包含傅里叶级数理论。例如，1931—1935 各年度北京大学数学系课程(郭金海，2015)中，有无穷级数论(必修课)、无穷级数与函数通论(必修课)、无穷级数与函数论(必修课)等课程，而在奥斯古德开设的函数各论(乙)课程中明确标注包含的内容有势函数、三角级数、球带函数、贝塞尔函数。该课将 3 本欧美数学家的原著列为参考书，其中包括美国数学家拜尔利(Byerly, 1849—1935)的《傅里叶级数与球谐函数》(*Fourier Series and Spherical Harmonics*)。这说明三角级数内容已经在北京大学数学系为本科生开设，必修与选修课程均有。另外，奥斯古德在北京大学讲学期间所著《实变函数》一书的第八章内容为“傅里叶级数、贝塞尔不等式、傅里叶系数的估计、傅里叶级数的求和公式、阿贝尔定理、傅里叶级数收敛的证明、傅里叶级数的连续问题、吉布斯效应、傅里叶展开的积分与微分、发散级数、可和的傅里叶级数”等。(郭金海，2014)这些内容都是奥斯古德在北京大学讲课讲义基础上形成的。由此可知，当时的北京大学本科课程中已经含有比较丰富的傅里叶级数内容。

在 1929、1930 两年度浙江大学数学系课程表(郭金海，2014)中，已经有级数概论(必修课，6 学分)以及实函数论等课程，其中，实函数论课程曾以英国数学家霍布森的《实变函数论与傅里叶级数论》等为主要参考书。这说明当时的浙江大学的本科教学内容中包含了傅里叶级数理论。

由于北京大学数学系是我国最早的大学数学系，其课程体系对于全国其他大学数学系的课程体系具有示范效应，所以，当时的许多大学数学系，如武汉大学、清华大学、中央大学等校，所开设课程许多与北京大学相似。(郭金海，2015)由此可以推断，当时一些大学的数学系也有傅里叶分析的教学内容。

8.3.2　傅里叶级数的研究生教育

1930 年，中国大学的第一个数学研究生院在清华大学诞生，并开始招收研究生，陈省身、吴大任有幸成为中国的第一批研究生，而陈省身是中国培养的第一位数学硕士。

中国傅里叶分析研究生教育主要集中在浙江大学。1940 年 2 月，西迁遵义的浙江大学数学系终于暂时在湄潭等地安定下来。经过战争洗礼的爱国热情，暂时相对稳定的环境，立即激发了浙江大学数学系师生的教与学的活力。陈建功与苏步青协商，以数学系部分教师为骨干，创办数学研究所，进行科学研究与招收研究生。从此，浙江大学数学系跨上了新的台阶。陈建功招收了第一个研究生，他就是数学系的优秀毕业生程民德，研究方向为傅里叶分析。

从 1940 年至 1946 年，当时浙江大学的傅里叶分析方向共培养了 3 位硕士，他们分别是：

程民德，1943 年研究生毕业，毕业论文为《三角级数之研究》。

魏德馨，1945 年研究生毕业，硕士论文为《线性运算与级数求和法》。

项黼宸，1946 年研究生毕业，硕士论文为《富里埃级数[①]之求和》。

8.3.3　傅里叶级数讨论的主要形式及成果

中国大学的研究讨论形式始于浙江大学。自 1931 年起，在陈建功与苏步青的领导下，浙江大学数学系开始举办数学讨论班(薛有才，2017)，吸收高年级学生和青年助教参加，并将讨论班定名为“数学研究”。(骆祖英，2007)[34,57,82,83] 这种形式是陈建功、苏步青从日本东北帝国大学理学部数学科的“数学研究”课程移植过来的。“数学研究”分为“甲”与“乙”两种。“数学研究甲”是由四年级学

① 富里埃级数就是傅里叶级数。

生和部分教师轮流报告论文。教师一般报告自己的研究论文，而学生报告的论文，由陈建功或苏步青提前指定，报告者要先将英文论文译成中文，油印分发给参加讨论班的师生。报告会在前几天就贴出通知，并注明报告人和题目、是第几次报告等。“数学研究乙”分为函数论和微分几何两个专业分头进行。陈建功要求学生不只是读懂论文内容，还应充分理解论文作者的整体思路和解决问题所使用的数学方法，从中体察做数学研究工作、撰写数学论文所必须具备的素质和技巧。(骆祖英，2007)[34,57,82,83]

苏步青认为，要使自己的教学取得好的效果，除了教学经验的积累之外，主要是依靠科学研究，对新学科发展加强了解。(王增藩，2003)苏步青在论述“讨论班”多种优点时指出，其一，培养学生或青年教师严谨的学风。他们必须仔细阅读书籍和文献，在阅读中如发现问题，一定要推敲到底。其二，养成独立思考的习惯。报告者在阐述自己的学习心得时，要求有独到见解，这就必须深入思考、研究。其三，教师在讨论班上可以针对每个学生的具体情况，进行个别指导，经过讨论答辩，使论文达到较高的水平。讨论班报告通不过者不得毕业，对青年学生无形中也有一定的压力。(王增藩，2003)

陈建功与苏步青都非常重视“数学研究”，每次都坚持参加，雷打不动。程民德在回忆陈苏两人主持“数学讨论班”的情况时说：

从四年级起，每周有两个下午的讨论班，陈、苏二位先生风雨无阻，每次必到。在讨论班上他们经常提问，要求主讲人确切回答，连回答的表述也严格要求。例如当主讲人证明了某一结论后，他们会突然把结论改变一下，然后问改变后的结论是否成立。如果主讲说：应当不成立，可以举出反例。他们就要求立即把反例举出来。如果主讲人一时举不出反例，他们就让他继续想，不让他往下讲，这叫做“挂黑板”。“挂”久了就完不成这次主讲任务。苏、陈两位对报告者都严格要求，不清楚的问题都要提问，直到报告者弄清楚为止。学生如果通不过报告就不准毕业。由此可见他们每周教学任务之繁重和执教之严。(程民德，1995)[27-28]

陈、苏创立的“讨论班”研究性教学方法，取得了巨大的成功。在函数论研究班上，傅里叶分析为主要内容之一。叶彦谦在浙江大学上学期间，四年级时，陈建功就让他在讨论班上报告佩利与维纳关于傅里叶变换的名著。毕业后，又指导他读许多傅里叶级数方面的论文，希望他能在这方面开展研究工作。从现有资料来看，王福春、徐瑞云、卢庆骏、程民德、叶彦谦、朱良璧、项黼宸、魏德馨等人都曾是函数方向讨论班的教师或学员，而且都取得好的科研成果。

参 考 文 献

贝尔 E T, 1991. 数学精英[M]. 徐源, 译. 上海: 商务印书馆.

波克纳, 1992. 数学在科学起源中的作用[M]. 李家良, 译. 长沙: 湖南教育出版社.

陈方正, 2009. 继承与叛逆——现代科学为何出现于西方[M]. 北京: 生活 · 读书 · 新知三联书店.

程民德, 1995. 中国现代数学家传(第二卷)[M]. 南京: 江苏教育出版社.

邓明立, 2004. 有限域思想的历史演变[D]. 河北师范大学博士论文.

傅里叶, 1993. 热的解析理论[M]. 桂质亮, 译. 武汉: 武汉出版社.

傅里叶, 2008. 热的解析理论[M]. 桂质亮, 译. 北京: 北京大学出版社.

格林, 2000. 宇宙的琴弦[M]. 李泳, 译. 长沙: 湖南科学技术出版社.

关洪, 1994. 物理学史选讲[M]. 北京: 高等教育出版社.

桂质亮, 1997. 傅里叶与 19 世纪早期法国数学物理学[J]. 科学技术与辩证法, 14 (2): 19 -24.

郭金海, 2014. 奥斯古德与函数论在中国的传播[J]. 中国科技史杂志, 35(1): 1-15.

郭金海, 2015. 抗战前北京大学数学系课程的变革[J]. 中国科技史杂志, 36(3): 280-299.

郭奕玲, 沈慧君, 2005. 物理学史[M]. 2 版. 北京: 清华大学出版社.

哈曼, 2000. 19 世纪物理学概念的发展[M]. 龚少明, 译. 上海: 复旦大学出版社.

胡作玄, 2006. 近代数学史[M]. 济南: 山东教育出版社.

吉特尔曼, 1987. 数学史[M]. 欧阳绛, 译. 北京: 科学普及出版社.

纪志刚, 2003. 分析算书化的历史回溯[J]. 自然辩证法通讯, 25(4): 81-86.

贾随军, 2008. 函数概念的演变及其对高中函数教学的启示[J]. 课程 · 教材 · 教法, 28(7): 49-52.

贾随军, 2010. 傅里叶级数理论的起源[D]. 西北大学博士学位论文.

贾随军, 胡俊美, 2017. 傅里叶级数理论成因分析[J]. 咸阳师范学院学报, 32(6): 15-22.

贾随军, 贾小勇, 2009. 傅里叶与热传导理论数学化[J]. 自然辩证法通讯, 27(7): 65-112.

贾随军, 贾小勇, 2017. 泰勒与约翰 · 伯努利在弦振动理论上的工作[J]. 咸阳师范学院学报, 32(2): 24-29.

贾随军, 贾小勇, 李保臻, 2011. 从泛音的发现到傅里叶级数理论的建立[J]. 自然辩证法研究, 27(7): 100-106.

贾随军, 任瑞芳, 2008. 欧拉对函数概念的发展[J]. 西北大学学报(自然科学版), 38(3): 513-516.

贾小勇, 2008. 19 世纪以前的变分法[D]. 西北大学博士学位论文.

教育部学术审议委员会, 1948. 学术之审议与奖励[M]//第二次中国教育年鉴. 上海: 商务印书馆.

卡茨, 2004. 数学史通论[M]. 2 版. 李文林, 邹建成, 胥鸣伟, 等译. 北京: 高等教育出版社.

卡尔 · B. 波耶, 2007. 微积分概念发展史[M]. 唐生, 译. 上海: 复旦大学出版社.

柯尔莫戈洛夫 A H, 佛明 C B, 2006. 函数论与泛函分析初步[M]. 2 版. 段虞荣, 郑洪深, 郭思旭, 译. 北京: 高等教育出版社.

克莱因 F, 2010. 高观点下的初等数学[M]. 第 1 卷. 舒湘芹, 陈义章, 杨钦樑, 译. 齐民友, 审.

上海: 复旦大学出版社.
克莱因 M, 1979. 古今数学思想(第二册)[M]. 北京大学数学系数学史翻译组, 译. 上海: 上海科学技术出版社.
克莱因 M, 2001. 数学: 确定性的丧失[M]. 李宏魁, 译. 长沙: 湖南科学技术出版社.
克莱因 M, 2004. 西方文化中的数学[M]. 张祖贵, 译. 上海: 复旦大学出版社.
克里斯坦森, 2011. 剑桥西方音乐理论发展史[M]. 任达敏, 译. 上海: 上海音乐出版社.
肯尼迪, 布尔恩, 2002. 牛津简明音乐词典[M]. 唐其竞, 等译. 北京: 人民音乐出版社.
李鹏奇, 2001. 函数概念 300 年[J]. 自然辩证法研究, 17(3): 48-52.
李文林, 1986. 算法、演绎倾向与数学史分期[J]. 自然辩证法通讯, (2): 46-50.
李文林, 1998. 数学珍宝——历史文献精选[M]. 北京: 科学出版社.
李文林, 2002. 数学史概论[M]. 2 版. 北京: 高等教育出版社.
李文林, 2005. 数学的进化——东西方数学史比较研究[M]. 北京: 科学出版社.
李熙汉, 1951. 中华民国科学志(一)数学志[M]. 台北: 中华文化出版事业委员会.
李新民, 周广周, 1999. 周鸿经[J]. 数学传播, 23(2): 36-43.
李艳平, 2006. 大革命期间的法国科学院与埃及研究院[J]. 自然辩证法通讯, 28(5): 77-83.
李仲珩, 1947. 30 年来的中国算学[J]. 科学, 3: 67-72.
李重光, 1962. 音乐理论基础[M]. 北京: 人民音乐出版社.
梁宗巨, 王青建, 孙宏安, 2001. 世界数学通史(下册)[M]. 沈阳: 辽宁教育出版社.
罗特斯坦, 2001. 心灵的标符——音乐与数学的内在生命[M]. 李晓东, 译. 长春: 吉林人民出版社.
骆祖英, 2007. 一代宗师——钝叟陈建功[M]. 北京: 科学出版社.
吕世虎, 2009. 中国当代中学数学课程发展的历程及其启示[D]. 东北师范大学博士论文.
牛顿, 2006. 自然哲学之数学原理[M]. 王克迪, 译. 北京: 北京大学出版社.
欧拉, 1997. 无穷分析引论(下)[M]. 张延伦, 译. 太原: 山西教育出版社.
彭立中, 程民德, 2011. 20 世纪中国知名科学家学术成就概览: 数学卷, 第二分册[M]. 北京: 科学出版社.
曲安京, 2004. 中国数学史研究的两次运动[J]. 科学, 56(2): 27-30.
曲安京, 2005. 中国数学史研究范式的转换[J]. 中国科学史杂志, 26(1): 50-58.
涉谷道雄, 2009. 漫画傅里叶解析[M]. 陈芳, 译. 北京: 科学出版社.
施咸亮, 陈建功, 2011. 20 世纪中国知名科学家学术成就概览: 数学卷, 第一分册[M]. 北京: 科学出版社.
《数学辞海》编辑委员会, 2002. 数学辞海(第三卷)[M]. 南京: 东南大学出版社.
斯科特, 2002. 数学史[M]. 侯德润, 张兰, 译. 桂林: 广西师范大学出版社.
斯特洛伊克, 1956. 数学简史[M]. 关娴, 译. 北京: 科学出版社.
王青建, 1983. 傅里叶——一位受人敬重的科学家[J]. 数学的实践与认识, (2): 85-89.
王思雷, 1993. 纪念陈建功教授诞辰 100 周年[J]. 杭州大学学报(自然科学版), 20(3), 245-250.
王增藩, 2003. 苏步青高等教育思想略论[J]. 复旦教育论坛(3): 1-4.
吴文俊, 2003a. 世界著名数学家传记(上集)[M]. 北京: 科学出版社.
吴文俊, 2003b. 世界著名数学家传记(下集)[M]. 北京: 科学出版社.
武娜, 2008. 傅里叶级数的起源和发展[D]. 河北师范大学硕士学位论文.

许胜江, 1993. 法国科学的文化背景[J]. 自然辩证法研究, 9(12): 25-30.
薛有才, 董杰, 2017. 民国国家学术奖励数学学科获奖概况与分析[J]. 自然辩证法研究, 33(12): 65-71.
薛有才, 董杰, 2017. 浙江大学数学学派教学风格探析[J]. 内蒙古师范大学学报(教育科学版), 30(3): 1-5.
杨庆余, 2008. 法兰西科学院: 欧洲近代科学建制的典范[J]. 自然辩证法研究, 24(6): 81-87.
叶彦谦, 1947. 记王福春先生及其数学工作[J]. 科学, 30(2): 51-53.
伊夫斯, 1986. 数学史概论[M]. 欧阳绛, 译. 太原: 山西经济出版社.
张卜天, 2006. 奥斯雷姆关于质的强度的图示法初探[J]. 自然辩证法通讯, 28(5): 72-76.
张瑞琨, 1986. 近代自然科学史概论(上册)[M]. 上海: 华东师范大学出版社.
张友余, 2016. 二十世纪中国数学史料研究: 第一辑[M]. 哈尔滨: 哈尔滨工业大学出版社: 16-29.
赵彦达, 徐瑞云, 2011. 20世纪中国知名科学家学术成就概览: 数学卷, 第一分册[M]. 北京: 科学出版社.
中国第二历史档案馆, 1997. 著作发明及美术奖励规则[M]//中华民国史档案资料汇编第5辑第2编教育(1). 南京: 江苏古籍出版社.
BERNOULLI D, 1755. Réflexions et éclaircissemens sur les nouvelles vibrations des cordes exposées dans les mémoires de I'Académie de 1747 et 1748[J]. Histoire de l'Académie Royale, Berlin, 9: 147-172.
BERNOULLI D, 1762. Recherches physiques, mécaniques et analytiques, sur le son et sur les tons des tuyaux d'orgues différemment construits[J]. Académie(Royale) des Sciences,Mémoires, 431-485.
BERNOULLI D, 1765. Mémoire sur les vibrations des cordes d'une épaisseur inégale[J]. Académie Royale des Sciences et des Belles-Lettres de Berlin, Histoire, 21: 281-306.
BERNOULLI D, 1772. De indole singulari serierum infinitarum,quas sinus vel cosinus angulorum arithmetice progredientium formant,earumque summatione et usu[J]. Academia Scientiarum Imperialis Petropolitana, Novi commentarii,17:3-23.
BERNOULLI J, 1732. Theoremata selecta pro conservatione virium vivarum demonstranda excerpta ex epistolis datis ad filium Danielem[J]. Comm. Acade. Sci. Petrop., Ⅲ:13-28.
BIOT J B, 1804.M é moires sur la propation de la chaleur, et eact de mesurer les hautes temp é ratures[J]. Journal des Mines, 17: 203-244.
BIRKHOFF G, 1973. A Source Book in Classical Analysis[M]. Cambridge, Massachusetts: Harvard University Press.
BOSANQUET L S, CHOW H C, 1941. Some analogues of a theorem of Andersen[J]. J. London Math. Soc, 16: 42-48.
BOSE A C, 1915. Fourier, His life and work[J].Bulletin of the Calcutta Mathematical Society, 7(6): 33-48.
BOSE A C, 1917. Fourier series and its influence on some of the developments of mathematical analysis[J]. Bulletin of the Calcutta Mathematical Society, 9(8): 71-84.
BOTTAZZINI U, 1986. The Higher Calculus: A History of Real and Complex Analysis from Euler to

Weierstrass[M]. Translated by Warren Van Egmond. New York: Springer New York Berlin.

BOYER C B, Merzbach U C, 1989. A History of Mathematics[M]. New York: John Wiley & Sons.

CAJORI F, 1913. History of the exponential and logarithmic concepts[J]. The American Mathematical Monthly, 20(1): 5-14.

CANTORG, 1915. Contributions to the Founding of the Theory of Transfinite Numbers [M]. Translated by Philip E. B. Jourdain. Chicago: Open Court Publishing Company.

CARSLAW H S, 1921. Introduction to the Theory of Fourier's Series and Integrals[M]. London: Macmillan.

CHEN K K, 1928. On the class of functions with absolutely convergent Fourier series[J]. Proc. Imp. Acad. Tôkoy, 4(9):517-520.

CHEN K K, 1928. On the series of orthogonal function[J]. Proc. Imp. Acad. Tôkoy, 4: 36-37.

CHENG M T, 1947. Cesàro summability of orthogonal series[J]. Duke Math. J. 14: 401-404.

CHOW H C, 1937. Note on the absolute Cesàro summability of power series[J]. Proc. London Math. Soc., 43: 484-489.

CHOW H C, 1938. On the absolute Cesàro summability of power series[J].J. London Math. Soc. 13: 16-22.

CHOW H C, 1939. On the absolute summability(c) of power series[J]. J. London Math. Soc., 14: 101-112.

CHOW H C, 1940.Cesàro means connected with the allied series of a Fourier series. series of a Fourier series[J]. Journal of the Chinese Mathematical Society, 2(2): 291-300.

CHOW H C, 1941a. On a theorem of O.szász. [J] J. London Math.Soc. ,16:23-27.

CHOW H C, 1941b. On the summability factors of Fourier Series[J]. J. London Math. Soc, 16: 215-220.

CHOW H C, 1942. A further note on a theorem of O. Szász[J]. J.London. Math. Soc., 17: 177-180.

CHOW H C, 1947. On the summability of power series. Science Record[J], Academia Sinica, 2(1): 20-21.

CHOW H C, 1951. Theorems on power series and Fourier series[J]. Proceedings of the London Mathematical Society, Series 3, 1: 206-216.

CHOW H C, 1954. An extension of a theorem of Zygmund and its application[J]. Journal of the London Mathematical Society, 29: 189-198.

CLAIRAU T A, 1754. Mémoire sur l'orbite apparente du soleil autour de la terre, en ayant égard aux perturbations produites par les actions de la lune et des planètes principales[J]. Académie(Royale) des Sciences, Mémoires: 521-564.

COHEN H F, 1984. Quantifying Music: the Science of Music at the First Stage of the Scientific Revolution, 1580-1650 [M]. New York: Springer Science & Business Media.

COHEN M R, DRABKIN I E,1948. A Source Book in Greek Science[M]. Cambridge, Massachusetts: Harvard University Press.

COOK R, 1993. Uniqueness of trigonometric series and descriptive set theory, 1870-1985 [J]. Archive for History of Exact Science, 45(4): 281-334.

COPPEL W A, 1969. J. B. Fourier-On the occasion of his two hundredth birthday[J]. The American

Mathematical Monthly, 76(5): 468-483.
D'ALEMBERT, 1749a. Recherches sur la courbe que forme une corde tendue mise en vibration[J]. Histoire de l'Académie Royale, Berlin, 3: 214-219.
D'ALEMBERT, 1749b. Suite des recherches[J]. Histoire de l'Académie Royale, Berlin, 3: 220-249.
D'ALEMBERT, 1752. Addition au mémoire sur la courbe que forme une corde tendue, mise en vibration[J]. Histoire de l'Académie Royale, Berlin, 6: 355-360.
D'ALEMBERT, 1761. Recherches sur les Vibrations des Cordes Sonores, in: Opuscules Mathématiques [M]. Paris: David.
DARBOUXG, 1888. Oeuvres de Fourier[M].Paris: Gauthier-Villars et fils.
DARRIGOL O, 2007. The Acoustic Origins of Harmonic Analysis[J]. Archive for History of Exact Sciences, 61(4): 343-424.
DAUBEN J W, 1971. The Trigonometric background to Georg Cantor's theory of sets [J]. Archive for History of Exact Sciences, 7(3): 181-216.
DIDEROT D, D'ALEMBERT, 2016. Encyclopedic Liberty Political Articles in the Dictionary of Diderot and D'alemert [M]. translated by Henry C. Clark and Christine Dunn Henderson. Carmel: Liberty Fund, Inc.
DOSTROVSKY C J T, 1981. The Evolution of Dynamics: Vibration Theory from 1678 to 1742[M]. New York: Springer Science & Business Media.
DOSTROVSKY S, 1975. Early vibration theory physics and music in the seventeenth century [J]. Archive for History of Exact Sciences, 14(3): 169-218.
EDWARDS C H, 1979. The Historical Development of the Calculus[M]. Berlin: Springer Science & Business Media.
EULER L, 1751. De serierum determinatione seu nova methodus inveniendi terminos generales serierum[J]. Academia Scientiarum Imperialis Petropolitana, Novi commentarii, 3: 36-85.
EULER L, 1755. Remarques sur les mémoires précédens de M. Bernoulli[J]. Mémoires de l'académie des sciences de Berlin, 196-222.
EULER L, 1772. De chordis vibrantibus disquisitio ulterior[J]. Academia Scientiarum Imperialis Petropolitana, Novi commentarii, 17: 381-409.
EULER L, 1990. Introduction to Analysis of the Infinite (Book Ⅱ) [M]. translated by John D. Blanton. New York: Springer-Verlag.
EULER L, 1911. Opera Omnia[M]. Leipzig: Typis et in aedibus BG Teubneri.
EULER L, 1960. Remarques sur les Memoires Précédens de M. Bernoulli.in: L. Euleri Opera Omnia, series II, vol. X [M]. Zurich: Fussli.
EVES H, 1983. Great Moments in Mathematics [After 1650] [M]. Washington: The Mathematical Association of America.
FELGENBAUM L, 1985. Brook Taylor and the method of increments[J]. Archive for History of Exact Sciences, 34(1-2): 1-140.
FERRARO G, 2000. Functions, functional relationships, and the laws of continuity in Euler[J]. Historia Mathematica, 27(2): 107-132.
FONTENELLE, 1701. Sur un nouveau Système de musique[J]. Historie de l'Acad é mie Royale des Sciences, 155-175.

FONTENELLE, 1702. Sur l'application des sons harmoniques aux jeux d'orgues[J]. Historie de l' Académie Royale des Sciences, 90-92.

FOURIER J, 1798. Mémoire sur la statique contenant la démonstration du principe des vitesses virtuelles et la théorie des moments[J]. Journal de l'Ecole Polytechnique, 5: 20-60.

FOURIER J, 2009. The Analytical Theory of Heat[M]. trans. by Alexander Freeman. New York: Cambridge University Press.

FOX R, 1974. The rise and fall of Laplacian physics[J]. Historical Studies in the Physical Sciences, 4: 89-136.

FRANKEL E J, 1977. J. B. Biot and the mathematization of experimental physics in Napoleonic France [J]. Historical Studies in the Physical Sciences, 8:33-72.

FRASER C, 1987. Joseph Louis Lagrange's algebraic version of the calculus[J]. Historia Mathematica, 14(1): 38-53.

GALILEI G, 1974. Discourse on Two New Sciences (1638) [M]. trans. by Stillman Drake. Madison: The University of Wisconsin Press.

GRABINER J V, 2005. The Origins of Cauchy's Rigorous calculus[M]. New York: Dover Publications, Inc. Mineola.

GRATTAN-GUINNESS I, 1969. Joseph Fourier and the revolution in mathematical physics[J]. Journal of the Institute of Mathematics and its Applications, 5 (2): 230-253.

GRATTAN-GUINNESS I, 1970. The Development of the Foundations of Mathematical Analysis from Euler to Riemann[M]. Cambridge MA: MIT Press.

GRATTAN-GUINNESS I, 1972. Jean Baptiste Joseph Fourier. Joseph Fourier, 1768-1830, a Survey of His Life and Work, Based on a Critical Edition of His Monograph on the Propagation of Heat, presented to the Institut de France in 1807[M]. Cambridge, Massachusetts: MIT Press.

GRATTAN-GUINNESS I, 1990. Convolution in French Mathematics, 1800-1840: From the Calculus and Mechanics to Mathematical Analysis and Mathematical Physics. Vol. 2: The Turns[M]. New York: Springer Science & Business Media.

HANKINS T, 1970. Jean d'Alembert: Science and the Enlightenment [M]. Oxford: Clarendon Press.

HARDY G H, ROGOSINSKI W W, 1944. Fourier Series[M]. New York: Dover Publications.

HERIVEL J, 1972. The influence of Fourier on British mathematics [J]. Centaurus, 17 (1): 40-57.

HERIVEL J, 1975. Joseph Fourier, The Man and the Physicist[M]. New York: Oxford University Press.

JESPER L, 1983. Euler's vision of a general partial differential calculus for a generalized kind of function[J]. Mathematics Magazine, 56 (5): 299-306.

JOURDAINP E B, 1917. The influence of Fourier's theory of the conduction of heat on the development of pure mathematics[J]. Scientia, 22:245-254.

KATZ V J, 1987. The calculus of the trigonometric function[J]. Historia Mathematica 14 (4): 311-324.

KLEINER I, 1989. Evolution of the function concept: a brief survey[J]. The College Mathematics Journal, 20 (4): 282-300.

KOLMOGOROV A N, YUSHKEVICH A P, 1998. Mathematics of the 19th Century: Function Theory According to Chebyshev Ordinary Differential Equations Calculus of Variations Theory of Finite Differences（Vol.3）[M]. Berlin: Springer Science & Business Media.

KUHNT S, 1976. Mathematical vs. experimental traditions in the development of physical science[J]. Journal of Interdisciplinary History, 7（1）: 1-31.

LAGRANGE J L, 1759. Recherches sur la nature et la propagation du son[J]. Miscellanea Taurinensia, 1: 1-112.

LAGRANGE J L, 1765. Solution de différents problèmes de calcul intéral[J]. Miscellanea Taurinensia, 3: 514-516.

LÜTZEN J, 1983. Euler's vision of a general partial differential calculus for a generalized kind of function[J]. Mathematics Magazine, 56: 299-306.

LÜTZEN J, 2012. Joseph Liouville, 1809-1882, Master of Pure and Applied Mathematics [M]. New York: Springer Science & Business Media.

MALTESE G, 1992. Taylor and John Bernoulli on the vibrating string: aspect of the dynamics of continuous systems at the beginning of the 18th century[J]. Physis Rivista Internazionale di Storia della Scienza（N.S.）, 29（3）: 703-744.

MERDENNE M, 1636. Harmonie Universelle, Contenant la Théorie et la Pratique de la Musique [M]. Paris: Sebastien Cramoisy.

POISSON, 1823. Second mémoire sur la propagation de la chaleur dans les solides[J]. Journal de l' Ecole Polytechnique, 19: 249-509.

PRESTINI E, 2016. The Evolution of Applied Harmonic Analysis[M]. New York : Springer Science & Business Media.

RAVETZ J, 1961. The representation of physical quantities in eighteenth-century mathematical physics [J]. Isis, 52（1）: 7-20.

ROBARTES, 1692. A discourse concerning the musical notes of the trumpet, and the trumpet marine, and of defects of the same[J]. Philosophical Transactions, XVII: 559-563.

RUDOLPH E L, 1947. Fourier series: The genesis and evolution of a theory [J]. The American Mathematical Monthly, 54（7）part2: 1-86.

RÜTHING D, 1986. 函数概念的一些定义——从Jon. Bernoulli到N. Bourbaki[J]. 数学译林,（3）: 21-23.

SAUVEUR J, 1701. Systême general des intervalles des sons, et son application à tous les systêmes et à tous les instrumens de musique[J]. Histoire de L'Académie Royale des Sciences（1701）, 299-366.

SAUVEUR J, 1702. Application des sons harmoniques à la composition des jeux d'orgues[J]. Académie（Royale）des Sciences, Mémoires, 424-451.

SAUVEUR J, 1713. Rapport des sons des cordes d'instruments de musique aux fl è ches des cordes; et nouvelle determination des sons fixes[J]. Hitoire de l'Académie Royale des Sciences, 68-75.

STRUIK D J, 1969. A Source Book in Mathematics, 1200-1800[M]. Cambridge, Massachusetts: Harvard University Press.

SUZUKI J, 2002. A History of Mathematics[M]. London:Pearson College Division.

TAYLOR B, 1713. De motu nervi tensi[J]. Royal Society of London, Philosophical transactions, 28: 26-32.

TRUESDELL C A, 1960. The Rational Mechanics of Flexible or Elastic Bodies, 1638-1788, L. Euleri Opera Omnia, series Ⅱ, vol. Ⅱ, part 2[M]. Zurich: Fussli.

TRUESDELL C A, 1968. Essays in the History of Mechanics[M]. Berlin: Springer Science & Business Media.

VAN VLECK E B, 1914. The influence of Fourier series upon the development of mathematics [J]. Science, 39(1): 113-124.

VIZGIN, 1992. 分析力学在数学发展中的作用[J]. 郭世荣, 译. 数学译林, 4: 312-320.

WALLIS, 1677. On the trembling of consonant strings, a new musical discovery [J]. Philosophical Transactions VII: 839-842.

WANG F T, 1933.On the summability of Fourier series by Riesz's logarithmic means[J]. Proc. Imp. Acad. Tokyo, 9: 568-569.

WANG F T, 1941. Note on the absolute summability of Fourier series[J]. J. London Math. Soc. 16: 174-176.

WANG F T, 1942a. Note on the absolute summability of trigonometrical series[J]. J. London Math. Soc., 17: 133-136.

WANG F T, 1942b. On Riesz summability of Fourier series (I)[J]. Proc. London Math. Soc., 47: 308-325.

WANG F T, 1942c. On Riesz summability of Fourier series (II)[J]. J. London Math. Soc., 17: 98-107.

WANG F T, 1943. On the summability of Fourier series by Riesz's typical means[J]. J. London Math. Soc., 18: 155-160.

WANG F T, 1944a. A convergence criterion for a Fourier series[J]. Duke Math. J., 11: 435-439.

WANG F T, 1944b. On strong summability of Fourier series[J]. Bull.Amer.Math. Soc., 50: 412-416.

WANG F T, 1944c. A note on strong summability of Fourier series[J]. An. Acad. Brasil. Ci., 16: 149-152.

WANG F T, 1945. Strong summability of Fourier series[J]. Duke. Math. J., 12: 77-87.

YUAN T L, 1963. Bibliography of Chinese Mathematics 1918-1960[M]. Washington: [s. n.].

YUSHKEVICH A P, 1976. The concept of function up to the middle of the 19th century[J]. Archive for History of Exact Sciences, 16(1): 37-85.

ZEE-KIANG S Y, 1944. On the variation of increasing functions whose first 2n Fourier coefficients are given[J]. J. London Math. Soc, 19: 71-77.

ZYMUND A, 1975. The role of Fourier series in the development of analysis[J]. Historia mathematica, 2(4): 591-594.

后　记

2004 年左右，我在西北师范大学讲述“数学史”课程，当时使用的教材是李文林老师的《数学史概论》，对数学史的兴趣缘于此。2006 年考取李文林老师的博士生，在古城西安开始再一次的求学经历。曲安京老师组织了每周一次的近现代数学史讨论班，讨论班上我们主讲《古今数学思想》及《十九世纪的数学》。对傅里叶级数历史的好奇萌发于讨论班，一直持续到现在。

博士毕业后的前三年，虽然工作事务繁杂，自己身边的同事们几乎没有人做数学史研究，但我还是很努力地坚持自己的梦想，继续做傅里叶级数历史的相关研究。但终归能力不足，几乎没有进展，论文投稿都是石沉大海。曾多次想放弃近现代数学史的研究，幸亏有李文林、曲安京、邓明立老师的鞭策与鼓励，同时 2014 年获批了国家自然科学基金“傅里叶分析的历史研究”，基金的获批为我增添了继续前行的动力，尽管前行的道路依然艰辛。

从对傅里叶级数的历史发生兴趣到现在十多年的时间过去，我似乎没有拿得出手的任何成果，只是有些点滴的思考。我只是希望能有时间把这些点滴的思考整理一下。

2018 年，我获得由国家留学基金委资助去境外访学一年的机会，浙江外国语学院教育学院吴卫东院长、高亚兵书记、何伟强副院长、毕莹副书记宁愿自己多承担繁重的教学与管理工作，欣然支持我访学一年，他们的担当让我感动。美国特拉华大学蔡金法教授热情地接收了我的访问申请，在特拉华小镇接待了我，引领我开辟了新的研究方向，给予了我许多学术研究的建议与方法论方面的指导。在此非常感谢蔡金法教授的接纳、指导与帮助。

特拉华大学位于安静的纽瓦克小镇，这里没有繁华的商业中心，没有大都会的种种便捷，但我觉得它是文献阅读与整理的天堂。我终于有宽裕的时间来对傅里叶级数的历史再做一些小的修补，同时完成书稿的整理工作。还要感谢在此期间在特拉华大学访问的姚一玲博士，她带我熟悉纽瓦克小镇，熟悉特拉华大学校园，并一起讨论问题，还给我提供了许许多多的帮助。西南大学博士生张玲、徐冉冉也参与了讨论，并且给我不少帮助，在此一并致谢。

科学出版社的胡海霞编辑对于书稿提出了不少修改建议，尤其在文字表述方面，她精益求精的做事风格让我感动。

西北大学求学期间，袁敏、赵继伟、唐泉等都曾参与傅里叶级数历史的相关讨论，给了我一些研究建议。临沂大学的徐传胜教授帮我修改了《傅里叶与热传导理论数学化》的论文。在研究傅里叶级数历史最困难的时期，重庆文理学院的贾小勇长时间与我一起讨论，彼此鼓励；内蒙古师范大学董杰提出了科研方面的一些建议。在此一并致谢。

在书稿撰写及修改阶段，浙江外国语学院的阮建苗教授、姚旻教授、吴晓副教授及张一帆博士耐心解答了我的一些问题，对他们的解惑及无私帮助表示衷心感谢！

最后我要感谢我的妻子祁有丽和儿子贾楠琦。由于有较长时间的求学及访学经历，妻子祁有丽在繁重的工作之余，还要承担大量家里的事务。在我访学整理书稿期间，我和妻子陪儿子的时间都很少，他下午放学都独自一人待在家里写作业，并学会了自己煎蛋、煎饼。没有妻子及儿子的理解、鼎力支持及无私奉献，我是不会顺利完成书稿的。